国家出版基金项目
NATIONAL PUBLICATION FOUNDATION

气候变化科学丛书

# 观测到的气候系统变化

翟盘茂　龚道溢　主编

科学出版社
龙门书局
北京

# 内 容 简 介

本书从气候系统观测和数据分析开始，阐述气候系统驱动因子，气候系统中大气与水循环、冰冻圈、海洋、生物圈等的变化特征，并结合气候变率模态及其变化，给出气候系统变化的综合图像。本书还综合气候变化噪声和信号、全球与中国的观测变化、当代仪器观测数据和古气候信息等，客观总结工业化以来以气候变暖为主要特征的气候多圈层变化图像。

本书可为气候变化相关的大专院校教师和学生、科技工作者和对气候变化感兴趣的读者等提供参考。

审图号：CS 京（2025）0253 号

图书在版编目（CIP）数据

观测到的气候系统变化 / 翟盘茂，龚道溢主编. -- 北京：科学出版社，2025.7. -- (中国科学院大学研究生教学辅导书系列) (气候变化科学丛书). -- ISBN 978-7-03-082421-9

Ⅰ. P4

中国国家版本馆 CIP 数据核字第 20256DL384 号

责任编辑：谢婉蓉 杨帅英 赵 晶 / 责任校对：郝甜甜
责任印制：徐晓晨 / 封面设计：无极书装

科学出版社 出版
龙门书局
北京东黄城根北街 16 号
邮政编码：100717
http://www.sciencep.com

北京中科印刷有限公司印刷
科学出版社发行 各地新华书店经销
*
2025 年 7 月第 一 版 开本：720×1000 1/16
2025 年 7 月第一次印刷 印张：13
字数：306 000
定价：118.00 元
（如有印装质量问题，我社负责调换）

# 本书编写委员会

主　　编：翟盘茂　龚道溢

主要作者：陈　阳　余　荣　周佰铨　黄萌田

# 丛 书 序 一

　　气候是人类赖以生存发展的基本条件之一，在人类历史进程中发挥着至关重要的作用。然而，自工业革命以来，全球气候因人类排放温室气体增多而不断升温，并演变为以加速变暖为主要特征的系统性变化。政府间气候变化专门委员会（IPCC）第六次评估报告显示，气候变化范围之广、速度之快、强度之大，是过去几个世纪甚至几千年前所未有的，至少到 21 世纪中期，气候系统的变暖仍将持续。快速变化的全球气候已经对自然系统和经济社会多领域造成不可忽视的影响，成为当今人类社会面临的最为重大的非传统安全问题之一。进入 21 世纪，大量珊瑚礁死亡、亚马孙雨林干旱、大范围多年冻土融化、格陵兰冰盖和南极冰盖加速退缩等非同寻常的事件接连发生。随着气候系统的变化愈演愈烈，一些要素跨越其恢复力阈值，发生不可逆变化可能性越来越大，这威胁着人类福祉和可持续发展。

　　气候变化科学已逐渐由最初的气候科学问题转变为环境、科技、经济、政治和外交等多学科领域交叉的综合性重大战略课题。习近平总书记和党中央一直高度重视应对气候变化工作，党的二十届三中全会通过了《中共中央关于进一步全面深化改革 推进中国式现代化的决定》，明确提出积极应对气候变化，完善适应气候变化工作体系。中国气象局正组织深化落实《中共中央 国务院关于加快经济社会发展全面绿色转型的意见》，加快构建气候变化研究型业务体系，强化应对气候变化科技支撑。我很高兴地看到，继《气候变化科学概论》于 2018 年出版以来，IPCC 第四次和第五次评估报告第一工作组联合主席、中国气象局前局长秦大河院士带领 IPCC 中国作者团队，融合自然科学、社会科学等领域的最新知识，历时五年精心打造了受众广泛的"气候变化科学丛书"。相信这套丛书的出版一定可以为提高读者气候变化科学认知、加强社会应对气候变化能力、促进国际合作与交流带来积极影响。

　　气候变化带给人类的挑战是现实的、严峻的、长远的，极端天气气候事件已经给全球经济社会发展造成前所未有的影响，应对气候变化已成为全球各国密切关注的共同议题。早期预警是防范极端天气气候事件风险、减缓气候变化影响的第一道防线，可以极大减少经济损失和人员伤亡，是适应气候变化的标志行动。中国气象局与世界气象组织和生态环境部签署了关于支持联合国全民早期预警倡议的三方合作协议，共同开发实施应对气候变化南南合作早期预警项目，搭建了推动全球早期预警和气候变化适应能力提升的交流合作平台；同时签署了《共建"一带一路"全民早期预警北京宣言》，呼吁各方支持联合国全民早期预警倡议、全球发展倡议和全球安全倡议。在《联合国气候变化框架公约》第二十九次缔约方大会上，中国发布《早期预警促进气候变化适应中国行动方案（2025—2027）》，将助力提升发展中国家早期预警和适应气候变化能力，推动构建更加安全、更具气候韧性的未来。

　　"地球是个大家庭，人类是个共同体，气候变化是全人类面临的共同挑战，人类要合作应对。"习近平总书记在党的二十大报告中就提出"推动绿色发展与促进人与自然和谐共生"，强调"积极稳妥推进碳达峰碳中和"和"积极参与应对气候变化全球治理"。"气候变化科学丛书"的出版，是完善气候变化工作体系的重要一环，为全面落实《气象高质量发展纲要（2022—2035 年）》奠定了重要科学基础。让我们共同为应对气候变化、践行生态文明、实现人类可持续发展作出积极努力。

中国气象局党组书记、局长

2025 年 1 月

# 丛书序二

近百年以来，全球正经历着以全球变暖为显著特征的气候变化，这深刻影响着人类的生存与发展，是当今国际社会面临的共同重大挑战。在习近平新时代中国特色社会主义思想特别是习近平生态文明思想指导下，中国持续实施积极应对气候变化国家战略，努力推动构建公平合理、合作共赢的全球气候治理体系。2020年9月22日，习近平主席在第75届联合国大会一般性辩论上做出我国二氧化碳排放力争于2030年前达到峰值、努力争取2060年前实现碳中和的重大宣示，这是基于科学论证的国家战略需求，对促进我国经济社会高质量发展、构建人类命运共同体具有非常重要的现实意义。

科学认识气候变化，是应对气候变化的基础。我国是受气候变化影响最大的国家之一。实现中华民族永续发展，要求我们深入认识把握气候规律，科学应对气候变化。中国科学院高度重视气候变化科学研究，围绕气候变化科学与应对开展了系列科技攻关，并与中国气象局联合组织了四次中国气候变化科学评估工作，由秦大河院士牵头完成《中国气候与生态环境演变：2021》等评估报告，系统地评估了中国过去及未来气候与生态变化过程、其带来的各种影响、应采取的适应和减缓对策，为促进气候变化应对和服务国家战略决策提供了重要科技支撑。

自2015年以来，秦大河院士领衔来自中国科学院、中国气象局、国家发展和改革委员会等部门相关单位以及北京大学、清华大学、北京师范大学、中山大学等高校的顶尖科学家团队参与政府间气候变化专门委员会（IPCC）评估报告撰写及国际谈判，率先在中国科学院大学开设了"气候变化科学概论"课程，并编写配套教材《气候变化科学概论》，我也为该教材作了序。作为国内率先开设的全面、系统讲授气候变化科学最新研究进展的课程，"气候变化科学概论"在全国范围内产生了广泛影响，授课团队还受邀在北京大学、清华大学、南京大学、北京师范大学、中山大学、兰州大学、云南大学、南京信息工程大学、重庆工商大学等高校同步开课。该课程获得2020年中国科学院教育教学成果奖一等奖，为气候变化科学的发展和中国科学院大学"双一流"学科建设做出了重要贡献。

气候变化科学涉及的内容非常丰富，一本《气候变化科学概论》远不足以涵盖各个方面。在秦大河院士的带领下，授课团队经过近五年的充分准备，组织编写了"气候变化科学丛书"。这是国内第一套系统、全面讲述气候变化科学及碳中和的丛书，内容从基础理论到气候变化应对、适应与减缓政策，再到国际谈判、碳中和，科学系统地普及了气候变化科学最新认知和研究进展。在当前中国提出碳中和国家承诺背景下，丛书的出版不仅对于认识气候变化具有重要的科学意义，也对各行各业制定碳中和目标下的应对措施具有重要的参考价值。在此，我对丛书的出版表示热烈祝贺！希望秦大河院士团队与各界同仁一起，继续深入认识气候变化的科学事实，在此基础上进一步提升应对气候变化科技支撑水平和服务国家战略决策的能力，为实现碳达峰碳中和和人类命运共同体建设作出更大贡献！

中国科学院院士

2025 年 1 月

# 丛 书 序 三

人类世以来，人类活动对地球的作用已经远超自然变化和历史范畴，创造了一个人类活动与环境相互作用新模式的新地质时期。气候变化是人类世最显著的特征之一，反映了人类活动对气候系统的深远影响。20 世纪 50 年代，随着科学家对大气、冰芯和海洋二氧化碳含量的测量取得关键突破，气候变化科学研究进入"快车道"。20 世纪末，科学家们逐渐认同气候变化会对人类的生存和发展构成挑战，政府间气候变化专门委员会（IPCC）发布第一次评估报告。这份报告的主要结论也为推动《联合国气候变化框架公约》的制定与通过提供了重要科学依据，其最终目标设定为"将大气中温室气体的浓度稳定在防止气候系统受到危险的人为干扰的水平上，从而使生态系统能够自然地适应气候变化，确保粮食生产免受威胁，并使经济发展能够可持续地进行"。

IPCC 第六次评估报告显示，人类活动毋庸置疑已引起大气、海洋和陆地的变暖，全球变暖对整个气候系统的影响是过去几个世纪甚至几千年来前所未有的。近期全球温室气体排放仍在攀升，与气候变化相关的极端灾害事件频发，气候变暖已对全球和区域水资源、生态系统、粮食生产和人类健康等自然系统和经济社会产生广泛而深刻的影响。气候变化关乎全球环境和经济社会的平稳运行，需要全球共同努力，及时采取应对行动。

纵观人类世历史，我们既可以看到人类活动造成气候变化所引起的挑战，也不应忽视人类在应对生存和发展问题时所展现出的智慧与创造力，以及推动文明进步的能力。中国提出了生态文明建设、人类命运共同体等中国方案，重视生态平衡、自然恢复力、减污降碳协同，并将这些绿色要素纳入到新质生产力的内涵，将积极应对气候变化作为实现自身可持续发展的内在要求。加强国际合作是全球气候治理不变的主旋律。通过携手推动绿色低碳转型，在降低发展的资源环境代价的同时，能够为可持续发展注入动力并增强潜力。

气候变化科学进步是推动全球气候治理和实现可持续发展的关键力量，当前全球对于气候变化的认识和基于科学的解决方案有着迫切需求。"气候变化科学丛书"应运而生。丛书共包含十六册，每册聚焦气候变化科学的不同维度，涵盖从古气候到当前观测再到未来预估，从大气圈到水圈再到生物圈，从全球到区域再到国家，从气候变化影响到检测归因再到科学应对，共同构成了一个全面性、系统性的气候变化科学框架。

　　本丛书的编纂汇聚了一批学术成就卓越、教学经验丰富的专家学者，他们亲自执笔，针对各册不同主题方向贡献权威科学认知和最新科学发现，促进跨学科对话，并以深入浅出的方式帮助读者理解气候变化这一全球性挑战。相信本丛书的出版将有助于提升气候变化科学知识的普及，促进气候变化科学的发展，助力"双碳"人才的培养。同时也希望这些知识能够激发气候行动，形成全社会发出合力共同应对气候变化挑战的良好氛围！

秦大河

中国科学院院士

"气候变化科学丛书"总主编

2024 年 12 月

# 前　　言

经典的气候定义通常基于气象要素的长期平均状态，其中月平均气温、月平均降水量、月平均气压被视为气候的三大基本要素。20 世纪末，有学者认为，如果有了 30 年的观测值，就可以得到一个稳定的平均值。因此，人们习惯把气候要素的平均值称为标准值或者基准值。传统上，可以基于气候要素的统计特征，根据定量指标对全球气候进行客观分类，如经典的柯本气候分类。但是后来人们逐渐认识到 30 年平均值也不是一成不变的，所谓的"基准气候"也有变化。

20 世纪 70 年代后期，随着气候系统观念的建立，气候的内涵得到极大的拓展。首先，20 世纪 50 年代以来逐日数值天气预报快速发展，预报时效逐渐增长到两个星期左右。而更长的预测必须考虑海洋、陆面、冰雪等大气的下边界状况。其次，20 世纪 60~70 年代有很多气候异常事件，包括洪涝、干旱、高温等，还有些特别严重的气候事件，如非洲萨赫勒地区的干旱持续了近 20 年，这些气候事件造成了巨大的社会经济影响。很多气候事件不是大气本身能解释的，如北非的持续干旱可能与海温、陆气相互作用、北半球的气溶胶等有联系。最后，19 世纪以来人类活动的加剧使大气成分发生变化，特别是人为排放的温室气体和对地表覆盖状况的改变等，对气候的影响已经到了不能忽略的地步。这些问题显然不能局限于大气本身，必须扩展到整个气候系统。气候系统不是局地的，因此也常被称为全球气候系统。总之，人们认识的进步突出体现在三个方面：其一，气候是变化的，涵盖多种时间尺度的变化；其二，气候变化与非局地、多圈层过程有关；其三，人类活动对全球气候的影响越来越明显。

我们在讨论气候变化时，必须有明确的时间尺度。气候的时间尺度通常有多层意思：一是多长时间平均的气候，是年际、年代际的气候还是长期趋势问题等；

二是指多长时间范围的气候变化，如工业化以来的气候变化、全新世甚至更长时期的气候变化等；三是指气候系统内部某一过程的变率或者外部强迫的固有影响，如热带太平洋海气系统相互作用产生的3~7年的年际尺度的循环、太阳黑子数的11年准周期及人为温室气体排放等。

　　观测到的气候变化，直接反映气候系统的真实演变过程，与气候系统各个圈层及相互作用密切相关。作为气候系统的主体部分，大气是高温、寒潮、干旱、洪涝等极端气候事件形成的直接载体和驱动因素。但是，从能量学角度看大气是快速变化的，陆面、海洋、冰冻圈、大气成分的变化都能显著影响大气的状况。海洋有巨大的热惯性，即使只考虑100m深的海水，其能量即占气候系统总能量的95.6%，既是气候的稳定器，也是重要的驱动因子。海洋过程可影响热带地区的大气准双周振荡、热带大气季节内振荡（MJO）、年际尺度的厄尔尼诺–南方涛动（ENSO）、太平洋和大西洋海温的年代及多年代振荡、大西洋经向翻转环流强弱的千年振荡等，相关的气候变率有非常宽泛的时间谱。深层海洋还是巨大的碳库。陆面物理状况如粗糙度、土壤湿度、蒸散发、反照率等的变化可以影响气候，而土壤湿度的异常具有数月的持续性，反照率的异常影响能持续数月到数年。多年冻土和海冰的形成，其典型时间尺度是数月到数年。

　　气候系统的外部强迫因子也在多种不同尺度的气候变化中起到重要的作用。地球绕太阳运转的轨道参数有缓慢的变化，偏心率的变化影响日–地距离及冬夏季节长短的分配，有10万年和40万年周期；地轴倾角有4.1万年周期变化，影响太阳辐射在不同纬度的分布及年较差；近日点变化有2.3万年岁差周期，影响四季分配及长短。太阳活动、火山活动能影响年际、年代际及世纪尺度的气候。日益加强的人类活动造成的温室气体排放、大气污染气溶胶、地表覆盖变化、热释放等，是当代气候变化最重要的外强迫因素，对全球气候系统已经造成显著影响，特别是$CO_2$的累积排放是当代全球变暖最主要的驱动因子之一。

　　古气候与现代气候变化的结合研究有特殊意义。古气候可以提供当前的自然气候背景，也可以为未来气候的可能情景提供重要参考。尤为重要的是，古气候可提供辐射强迫下气候系统响应的信息。由于古气候证据表征的是长时间段的整体情况，是所有过程的综合结果，可以视其为近似平衡态的气候状况。因此，IPCC第六次评估报告结合古气候证据和 CMIP 模拟结果，明显改善了对气候敏感性的估算，是气候模拟验证、约束、预估的重要参考指标。

本书首先对气候系统和气候变化的基本概念进行简要叙述，然后介绍气候系统观测与数据分析（第 1 章）、气候变化驱动因子变化（第 2 章）；按照气候系统的主要成员，分别介绍大气圈（第 3 章）、冰冻圈（第 4 章）、海洋（第 5 章）、生物圈（第 6 章）的变化；第 7 章介绍气候变率模态及其变化；最后介绍气候系统的综合变化（第 8 章）。各章均包含相关基本概念、观测到的气候变化客观事实，并重点分析大尺度的分布和变化特征。

本书具体分工如下：第 1 章（翟盘茂）、第 2 章（陈阳）、第 3 章（周佰铨）、第 4 章（龚道溢）、第 5 章（余荣）、第 6 章（黄萌田）、第 7 章（龚道溢）、第 8 章（翟盘茂）。全书最终由翟盘茂和龚道溢统稿。感谢成里京研究员、李庆祥教授和廖圳副研究员以及博士研究生王建宇的贡献。感谢为本书最终修订提供帮助的全体人员。本书出版得到中国科学院大学教材出版中心和国家出版基金的支持。在此，我们一并表示衷心感谢。

由于水平有限，书中难免有不当或疏漏之处，敬请读者批评指正。

作　者

2024 年 6 月

# 目　　录

# 第 1 章

# 气候系统观测与数据分析

对气候系统进行长期的观测及对搜集到的气候数据进行分析是研究气候变化的重要手段。随着技术的进步，气候数据的时空覆盖率越来越高，数据来源越来越丰富多样，这些都对研究气候变化有重要的推动作用。本章主要回顾当代气候观测系统的发展及介绍不同圈层、不同变量、不同来源的多种气候观测数据，同时介绍不同来源数据的均一性问题。

## 1.1  当代气候观测系统的发展

对气候系统长期连续的观测，是气候变化研究的重要证据和气候模式发展的必要支撑，它对提高气候系统变化过程和机理的认识及预测能力，以及开展气候变化影响、适应与减缓对策的研究都具有十分重要的作用。

综合的全球气候系统多圈层观测，目的是提供高质量气候变化资料和相关产品，以及提供气候系统演变和现状的信息基础。气候系统长期的观测主要包括实地观测和卫星遥感观测两种手段。实地观测主要指在某一地点对气候系统要素直接获取观测结果，其中以大气圈的观测最为系统。

图 1-1 反映出从 19 世纪中后期开始，全球陆地表面就有较好的通过实地观测获取的地面温度、气压和湿度等要素资料，在海洋上依靠船舶这个主要平台也具有大量的海洋表面温度（SST）等历史气候要素观测的积累。20 世纪中期，全球已经开展无线电探空观测，把温度、位势高度、大气水汽等观测延伸到高空；20 世纪 70 年代后期已经拥有较好的卫星遥感观测。经过 40 多年的积累，卫星遥感已经

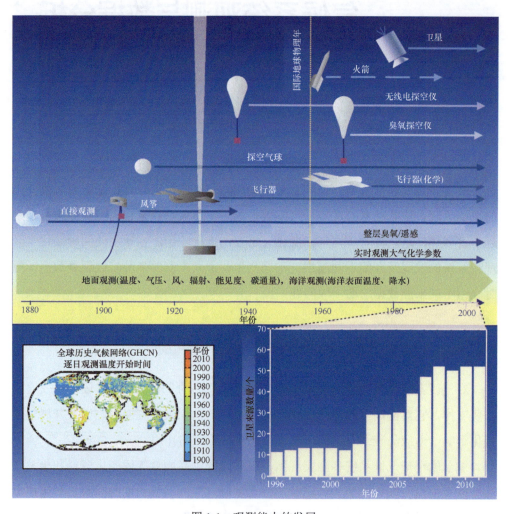

图 1-1  观测能力的发展

上图：不同类型观测的开始时间；左下图：全球历史气候网络（GHCN）逐日观测温度数据起始年份；
右下图：1996～2010 年欧洲中期天气预报中心同化的卫星数据类型变化

成为当代气候系统观测的一种重要的系统性的观测手段。气象卫星和其他类型的卫星提供了地-气系统辐射收支、陆表植被、土地利用、土壤特征和海面温度等信息，为解决海洋、沙漠、高山等地区记录稀少的问题开辟了新途径。

值得关注的是，实地观测的数据也在迅速增加。同时，观测仪器改进和更加可靠的订正方法的发展，使得观测资料的质量也得到进一步提升。

从国际上看，对气候系统各个要素的系统性观测主要通过全球气候观测系统（GCOS）进行。全球气候观测系统强调气候系统的整体观测，共分为大气、海洋、陆地三个观测子系统，利用实地和遥感观测技术，获取大气、海洋、陆地系统关于气候的物理、化学和生物特征参数，并提供给所有用户共享。

随着全球变化问题的日益突出，世界气象组织（WMO）于 1989 年开始组建全球大气观测计划（GAW），在全球范围内开展大气成分本底观测，对具有重要气候、环境、生态意义的大气成分进行长期、系统和精确的综合观测。目前已有 60 个国家 40 多个本底监测站（其中全球基准站 24 个）加入 GAW，并按照 GAW 观测指南要求，开展大气中温室气体、气溶胶、臭氧、反应性微量气体、干-湿沉降化学、太阳辐射、持久性有机污染物和重金属、稳定和放射性同位素等要素的长期监测，涉及 200 多种观测要素。

为了填补海洋观测的空白，在早期收集船舶观测的基础上，20 世纪 70 年代建立了海洋浮标观测站网，美国、欧洲等国家或地区许多商船和飞机还分别安装了海洋表面、洋流自动观测仪和气象自动探测器，加上卫星观测，基本覆盖了大部分海洋资料空白区。为了进一步提高海洋变化的监测能力，从 1998 年起，国际上开始筹建全球海洋实时观测网（array for real-time geostrophic oceanography，ARGO），国际 ARGO 计划的实施提供了前所未有的全球深海大洋 0～2000m 的海水温度和盐度观测资料。

对海洋温度的观测主要分表层水温观测和表层以下的水温观测。前者的观测方法主要采取船舶观测、浮标观测和遥感观测等；后者的观测方法主要是船舶测量，采用的仪器是常规的电导温度计、深度温度计、温盐深自记仪器（conductivity-temperature-depth，CTD）、电子温深仪（electronic bathythermograph，EBT）、投弃式温深仪（expendable bathythermograph，XBT）等。海洋盐度通常与温度是同时观测的，使用的仪器主要是 CTD 等，也可取样观测，在实验室中常用盐度计测量。电导温度计、CTD 和 ARGO 浮标观测是前期海洋盐度主要的观测手段，使用其他方法，如遥感手段对海洋盐度进行观测也在逐渐发展。

海洋热含量主要通过海洋温度廓线乘以密度和海水比热容积分计算得出。随着 ARGO 浮标时代的到来，其提供的海洋温度廓线测量值可以计算全球海洋热含量。

$CO_2$ 的海–气交换通量是由观测到的在整个海气交界面不同的 $CO_2$ 分压、海水中 $CO_2$ 的吸收率和海–气之间 $CO_2$ 的交换速率计算得出的。

传统的海平面变化观测主要依赖验潮站，但数据精确的验潮站并不多，从而影响对全球海平面变化的正确计算。随着卫星测高技术的发展，特别是托佩克斯/波塞冬（TOPEX/Poseidon，T/P）测高卫星的出现，人们可以针对高时空分辨率的海平面信息开展研究工作。卫星测高可以观测包括比容项和质量项的总海平面变化。海平面变化中的比容海平面变化可以利用温盐数据计算得到。比容海平面变化只引起海水体积变化，不引起海水质量变化。质量项海平面变化伴随着海水质量变化的信号，可以通过卫星重力测量手段获得。美、德联合研制的重力恢复与气候试验卫星（gravity recovery and climate experiment，GRACE）于 2002 年 3 月发射升空，可以观测全球大尺度重力场时间变化信号。随着 GRACE 观测精度的提高和数据处理方法的改善，目前可用于研究全球海平面变化中的质量项部分。因此，利用温盐资料、卫星重力和卫星测高三种独立观测手段得到比容海平面变化、质量项海平面变化和总的海平面变化，从而进一步深化对海平面变化的认识。

冰冻圈是指地球表层连续分布且具有一定厚度的负温圈层。冰冻圈内的水体应处于冻结状态。冰冻圈在大气圈内位于 0℃线以上的对流层和平流层内，在岩石圈内是寒区从地面向下一定深度（数十米至上千米）的表层岩土。冰冻圈包括海冰、湖冰、河冰、积雪、固态降水、冰川、冰帽、冰盖、多年冻土和季节冻土。对冰冻圈的观测始于地面目测，逐渐发展为具有严谨科学计量的观测参数，内容在不断丰富。1979 年以来，成熟的可见光遥感及微波遥感为冰冻圈观测提供了先进手段。对冰冻圈各分量的观测涵盖冰川（盖）面积、冰川厚度和体积、海冰面积和密集度、积雪面积、雪深和雪水当量、冻土范围和地表形态，以及河冰和湖冰的封冻时期和长度（面积）等。具体而言，IPCC 采用了 Randolf 冰川编目结果对全球山地冰川变化进行评估。冰川编目是指利用各种空间数据源对一个国家或地区的全部冰川进行编录。冰川的目录既包括冰川的编码和名称等标识属性，也包括冰川的面积，长度，最大、最小、平均和中值面积和高度，平均坡度和平均坡向，以及冰川的厚度和储量等特征。

过去 30 年，对冰盖物理属性和动力状况的观测和研究已经从实测转向采用航空和星载技术，部分原因是在广袤的偏远地区全天候获取数据的传感器和技术得到了改进。例如，被动微波可用于测量冰盖表层融化的开始时间、持续时间和范围；卫星测高技术是研究冰盖的一种重要的观测技术和手段，TOPEX 系列和 ERS 系列形成了对冰盖 20 余年的观测，也是监测极地冰盖物质平衡的有效手段；合成孔径雷达干涉测量技术（InSAR）除了可以用于冰盖大面积成图以外，其拓展的差分合成孔径雷达干涉测量技术（DInSAR）可以监测冰盖表面微小变形，精度可达厘米甚至毫米级；DInSAR 和偏移量跟踪方法也已成为监测冰盖表面冰流速的重要技术手段；2002 年 3 月发射的 GRACE 主要用来监测冰盖物质平衡。

海冰范围和密集度卫星数据主要由星载微波辐射计观测的亮温反演而得到。目前有多种利用星载微波辐射计亮温数据反演海冰范围和密集度的方法，如 NASA TEAM 算法和 Bootstrap 算法。海冰厚度遥感观测始于 2003 年，最初由美国国家航空航天局（NASA）的冰、云和陆地高程卫星（ICESat，服役到 2009 年）观测；2010 年起，开始由欧洲航天局的卫星雷达高度计 CryoSat-2 观测，2015 年发射的冰、云和陆地高程卫星 2 号（ICESat-2）在 ICESat 技术的基础上，测高技术和精准度都有了很大的提高，可获取更为精确的海冰厚度遥感数据。

当前，对积雪属性的观测使用各种地面、航空和星载平台上的仪器和系统。常用的地面观测方法包括：梯级探头和标杆、声波雪深计、雪心取样、雪压计（雪压转换器）和雪坑内各种精细采样和观测。常用的遥感方法包括低空飞行对地 $\gamma$ 射线观测、航空与近地轨道（low earth orbit，LEO）卫星和地球静止轨道（geostationary orbit，GEO）卫星的可见光和红外辐射观测，以及航空与近地轨道卫星上的主动被动传感器对微波辐射和后向散射的观测。这些观测以诸多不同的方式单独或联合使用，其使用方式取决于应用、所需尺度及可用观测的精度和类型。

冻土观测内容主要包括冻土特征参数和活动层水热状态、冻土热状态等动态过程的观测。冻土特征参数主要包括季节冻结和季节融化深度、冻土年变化深度、冻土年平均地温、多年冻土下限、多年冻土厚度、冻土含冰量等。其中，季节冻结和季节融化深度的观测手段主要是探地雷达、机械探测法和地温法；冻土地温观测主要依赖热敏电阻温度探头法、热电偶温度探头法和分布式光纤温度计等；冻土水分观测依赖烘干法、介电常数法[时域反射（time-domain reflectometry，TDR）或频域反射（frequency-domain reflectometry，FDR）]、水分传感器、电阻法、张力计、中子散射法，以及γ射线法等；冻土下限和厚度的探测手段包括探地雷达、高密度电阻率法、坑探、钻探和地温法；冻土含冰量常用的探测与计算方法为坑探、钻探、高密度电法等。

碳循环和生态系统是生物圈观测的重要内容。许多生物圈变量的观测主要依靠卫星遥感手段、实地观测等来完成。

## 1.2　核心气候变量及其数据集

气候系统观测涉及其物理、化学、生物特性的变化，其基本气候变量（表1-1）包括大气的近地面、高空要素和大气成分，海洋的物理，生物地球化学，生物、生态，以及陆地的水圈、冰冻圈、生物圈及人类圈的一些有关气候要素。

目前，在全球气候变化研究方面涉及的数据集主要包括：大气与地表观测数据集、海洋观测数据集、冰冻圈观测数据集、生物圈观测数据集。

表1-1　全球气候观测系统（GCOS）更新的基本气候变量（ECVs）

| 圈层 | 基本气候变量（ECVs） |
|---|---|
| 大气 | **地面**：气温、降水、气压、地面辐射收支、风速、风向、水汽<br>**高空**：地球辐射收支、高空气温、风速、风向、水汽、闪电<br>**大气成分**：二氧化碳、甲烷、臭氧、其他温室气体、气溶胶、云、气溶胶和臭氧的前体物 |

续表

| 圈层 | 基本气候变量（ECVs） |
|------|------|
| 海洋 | **物理**：海洋表面热通量、海冰①、海平面高度、海况、海洋表面流、海表盐度、海表应力、海表温度、次表层洋流、次表层盐度、次表层温度<br>**生物地球化学**：惰性碳、二氧化氮、营养物质、海色、氧气、瞬态示踪物<br>**生物、生态**：海洋栖居地、浮游植物 |
| 陆地 | **水圈**：径流、地表水、湖泊<br>**冰冻圈**：积雪、冰川、冰盖和冰架、冻土<br>**生物圈**：地上生物量、反照率、蒸散发、陆地覆盖、光合有效辐射吸收率、陆面温度、叶面积指数、土壤碳、土壤湿度、火灾<br>**人类圈**：人为温室气体通量、人为用水 |

## 1.2.1　大气与地表观测数据集

大气与地表观测数据集主要包括大气成分、辐射收支、温度、水分循环、大气环流等要素。其中，大气成分的观测数据主要来自大气本底站观测。观测的大气成分有：二氧化碳、甲烷、一氧化氮、氟氯烃及气溶胶等。辐射收支是通过云和地球辐射能量系统（clouds and the earth's radiant energy system，CERES）实验仪器，对地球大气层顶部净辐射平衡变化进行测算得到的。水分循环主要包括大尺度平均降水、河川径流、蒸散发等。温度数据集包含地温、地面气温和大气温度等。

大气环流数据集可以由探空、测风观测得到的温度、气压、湿度、风速和位势高度等要素组成，实际应用中更多的是采用再分析数据集。

## 1.2.2　海洋观测数据集

海洋观测数据集主要分为 3 类。①海洋原始现场观测数据集：主要提供海洋原始观测数据，包括元数据信息（观测时间、位置、航次、国家、WMO 统一代码、各数据中心标识符、测量条件等信息）。一般该数据集均会提供质量控制

---

① 海冰为冰冻圈变量。

符，标记可疑的或错误的数据，以供进一步分析处理。②格点分析数据集：即基于海洋现场观测数据，经过偏差订正、格点化插值、垂向插值等技术处理后具有较为完整的时空覆盖、网格化的数据集。该数据集是目前气候监测主要使用的数据，大部分 IPCC 报告中的气候监测序列为该类型数据。③再分析数据：是将现场观测数据经过同化方法输入数值模式，不断调整模式的模拟场，进而输出的网格化数据集。再分析数据的优势在于可以输出完备的大气或海洋要素数据，由于观测的订正比模式自由运行结果的准确度更高，因此适合机理分析。但由于受到模式偏差和观测数量变化的影响，其产品对于长期气候变化信号一般具有一定的偏差。目前，由于大气观测数据较多，大气再分析的准确性远高于海洋再分析数据。

原始现场数据时空分布不均匀且数量较大（截至目前海洋温度廓线观测为 1700 万条），常使用的原始观测数据集包括：美国国家海洋和大气管理局（National Oceanic and Atmospheric Administration，NOAA）的历史温度、盐度、溶解氧、pH、$CO_2$ 分压等廓线数据；英国气象局哈德利中心（Hadley Center）序列号为 EN4 温、盐数据（该数据集主要是基于世界海洋数据库、英国和欧洲的自有数据进行不同的质量控制、偏差订正得到的）；ARGO 现场观测数据集；NOAA 的国际综合海气数据集（international comprehensive ocean-atmosphere data set，ICOADS）（主要为海表观测数据）。

为了克服海洋原始观测数据时空分布极为不均匀的问题，通过一定的客观分析手段（时空插值方法）构建网格化、均匀分布的数据即格点分析数据集。目前主流使用的海洋温度、盐度格点化观测数据集见表 1-2。这些格点数据的主要差异表现在以下几个方面：①原始观测数据的偏差订正方法差异，如对海表水桶（bucket）观测数据的偏差订正方法、对次表层温度廓线观测 XBT 等数据的偏差订正方法；②格点化方法的差异，此前很多方法简单使用反距离几何平均的方法，并利用周围的数据重建目标网格的变量，初始场一般选择为气候平均态，因此观测不足的地方温度重构场趋向于气候平均态。该方法导致格点化方法在没有观测的区域变率趋向于 0。显然，在全球海洋变暖的背景下，该假设会造成一定程度的偏差，这是一部分格点分析数据集存在偏差的主要原因（如 EN4、Scripps 等）。一些新的格点化数据集开始克服这个问题。

表 1-2　常用的海洋温度、盐度格点化观测数据集

| 名称 | 所含变量 | 使用的原始观测数据 | 水平分辨率 | 垂向范围和垂向分层 | 时间范围和时间分辨率 |
|---|---|---|---|---|---|
| 美国 ERSST | 海表温度 | 所有历史现场观测数据 | 2°×2° | 海表 | 1854 年至今，月平均 |
| 美国 OISST | 海表温度 | 所有历史现场观测数据，卫星观测 | 1/4°×1/3° | 海表 | 1981 年至今，日平均 |
| 英国 HadSST3 | 海表温度 | 所有历史现场观测数据 | 2°×2° | 海表 | 1850 年至今，月平均 |
| 中国 IAP | 温度、盐度 | 所有历史现场观测数据 | 1°×1°，0.5°×0.5° | 0～2000m，41 层 | 1940 年至今，月平均 |
| 日本 Ishii | 温度、盐度 | 所有历史现场观测数据 | 1°×1° | 0～6350m，28 层 | 1950 年至今，月平均 |
| 英国 EN4 | 温度、盐度 | 所有历史现场观测数据 | 1°×1° | 0～5500m，42 层 | 1950 年至今，月平均 |
| 美国 WOD | 温度、盐度 | 所有历史现场观测数据 | 1°×1° | 0～9000m，137 层 | 1955 年至今，月平均 |
| 美国 Scripps | 温度、盐度 | ARGO 数据 | 1°×1° | 0～2000 dbar，58 层 | 2005 年至今，月平均 |
| 中国 BOA | 温度、盐度 | ARGO 数据 | 1°×1° | 0～1950m，49 层 | 2004 年至今，月平均 |

1 dbar=$10^4$ Pa，全书同。

目前，主要使用的海洋再分析数据如表 1-2，其为气候变化和变率机理分析提供了主要手段。而大部分再分析数据是在模式运行时的特定时间点使用观测数据订正模式结果，在客观上影响模式的动力协调性，从而引起模式能量不守恒。因此，很多再分析数据存在一些阶梯型的"突变"，特别是在观测系统转折期间（如1993 年卫星高度计数据的引入、2005 年前后 ARGO 数据的引入）。随着海洋观测数据的不断增加，特别是 21 世纪 ARGO 浮标的布放，进入同化的观测数据显著

增加，显著改进了全球海洋再分析数据的准确程度。近些年，国际上启动了全球海洋再分析数据分析比较计划，通过集合多种再分析数据进行分析和研究，降低单个再分析数据中的系统性偏差。这种多数据集合分析方法已经被应用到初始化季节和年代际尺度预报。

除了上述数据集外，海洋中常用的数据集还包括：海面高度数据集、海洋生物地球化学要素数据集等。海面高度数据集主要是基于卫星高度计观测的海表动力高度数据，常用的有法国国家空间研究中心（CNES）研发的网格化日平均、0.25°×0.25°分辨率数据集（https://www.aviso.altimetry.fr/en/data/products/ocean-indicators-products/mean-sea-level.html），其为海平面变化等气候学研究、中尺度涡旋等物理海洋研究提供了关键支撑。对于海洋生物地球化学要素，如 pH、溶解氧、$CO_2$ 分压等，由于观测数据稀缺，目前数据集还较为稀少。国际主流的海洋生物地球化学原始现场观测数据集为国际联合建成的全球海洋数据分析项目（the global ocean data analysis project，GLODAP）数据集（https://www.glodap.info/），包括主要的生物地球化学变量（溶解氧、硝酸盐、溶解无机碳、碱度、pH 等）。基于原始观测数据，近些年新发展的海洋生物地球化学格点数据集有瑞士联邦理工学院建立的 OceanSODA-ETHZ 格点数据集，包括海表溶解无机碳、pH 等变量（https://doi.org/10.25921/m5wx-ja34）。

### 1.2.3　冰冻圈观测数据集

冰冻圈观测数据集包括海冰观测数据集、冰川观测数据集、冰盖观测数据集、积雪观测数据集和冻土观测数据集。

海冰观测数据集包含的要素有海冰覆盖范围（面积）、海冰厚度和体积、海冰前进与后退的时间、季节性海冰的持续时间与融冰期、海冰的漂移（速度）等。冰川观测数据集的要素主要包括冰川长度、冰川体积、冰川面积、冰川质量。冰盖观测数据集的要素主要包括南极大陆与格陵兰岛的冰盖质量。积雪观测数据集包含的要素有积雪范围、雪深、积雪持续时间、雪水当量。冻土观测数据集的要素包括冻土温度、冻土深度等。

### 1.2.4　生物圈观测数据集

生物圈观测数据集主要包括地表反照率、光合有效辐射吸收率、叶面积指数、陆地表面温度、地表覆盖、地上生物量、土壤碳、火灾等。

其中，地表反照率（albedo）是陆地及其表面大气的共同属性，它影响着地表辐射收支，也影响着土壤–植被系统对太阳辐射的吸收和透射。光合有效辐射吸收率（fAPAR）是指地表植被对太阳光合作用有效辐射（PAR）的吸收效率，是全球气候观测系统（GCOS）计划提出的影响全球气候变化模拟的陆表关键参数之一。植物冠层的叶面积指数（LAI）是指单位土地面积上植物叶片总面积占土地面积的比例，它与植被的密度、结构、树木的生物学特性和环境条件有关，是表示植被利用光能状况和冠层结构的一个综合指标。土地覆盖及其变化能够通过改变与大气之间的水汽交换和能量交换，以及调节温室气体和气溶胶的源和汇，进而对气候变化产生重要影响，同时，土地覆盖变化还会改变生态系统为人类社会提供生态商品和服务。土壤碳数据集包括土壤中碳的百分比和容重。火灾数据集能够刻画火灾干扰特征，在多个时间尺度上（日、季、年际）存在较大的时空变化。通过消耗植被、排放气溶胶和微量气体，火灾对生物圈和大气中碳储存和碳通量产生重大影响，影响大气成分和空气质量，引起土地覆盖的长期变化，并影响能量和水的陆地–大气通量。

## 1.3　再分析数据集

再分析数据集通常是采用数据同化技术在观测约束条件下的数值模式（如数值天气预报模型）的输出结果，补充了通过历史记录描述状态变化的观测数据集，有时被视为无间隙分布图，因为它们提供了网格化的空间和时间连续的输出数据（通常是全球的），并拥有在日时间尺度以下的变量，能反映物理一致性和稀有观测变量（如蒸发）的信息。它们可以是全球尺度的，也可以是区域集中的，并受到全球再分析边界条件的约束。再分析数据集还可以提供有关同化观测质量的反馈，包括对某些观测系统的偏差和关键缺失内容的估计。

许多早期的再分析数据集往往受到基本模式、数据同化方案和观测问题的限制。观测问题包括一些地区缺乏基础观测、观测系统随时间的变化（如空间覆盖、卫星数据的引入）及基础观测或边界条件中随时间变化的误差，这些误差可能导致时间上的逐步偏差。而观测稀缺或不一致的观测同化可能导致数据质量问题或能量的不守恒。

在过去的十多年来，再分析资料有所改进，并越来越多地被用作评估气候系统状态和演变的证据（高信度）。同时，发展再分析所用的方法取得了新进展，这对它们提供的有关气候变化的信息具有重要影响。利用资料同化技术再分析过去的气象观测资料，重建高时空分辨率的格点历史气候数据集取得了长足发展。再分析主要的新发展包括同化更大范围的观测、更高的时空分辨率、更远的时间延伸，以及更大程度地减少观测网络随时间变化造成的影响。再分析资料的问世为人们深入了解大气运动的方式、认识不同时空尺度内气候变化和变率提供了强有力的甚至不可替代的研究工具。大气资料再分析也就是利用完善的数据同化系统，把各种类型和来源的观测资料与短期数值天气预报产品进行重新融合和最优集成的一种过程。

对高分辨率数据需求的不断增加是大气再分析快速发展的主要动因，全球范围内发展了许多新的再分析数据产品，努力改善的目标包括分辨率提高、数据的延长和扩充、数据同化的改进、减小初始条件产生的不确定性及提升大气或海洋系统的代表性。总体来看，全球大气资料再分析计划主要有美国国家环境预报中心（NCEP）和美国国家大气研究中心（NCAR）1948 年至今的 NCEP/NCAR 全球大气再分析资料计划；欧洲中期天气预报中心（ECMWF）1979 年以来的全球大气再分析资料计划 ERA5；1957 年以来的全球大气再分析资料计划（ERA40）；日本气象厅（JMA）和中央电力研究所（CRIEPI）联合组织实施的 1979 年以来的全球大气再分析资料计划（JRA25）等。近年来，中国也发展了自己的大气再分析产品（CRA40），一些研究指出其对地表温度和大气环流变化等也具有较好的精度。

ERA5 被评估后发现具有较高的质量，可以与更传统的观测数据集一起表征温度的变化趋势，并且也可用于交互式地图集。科学评估认为，ERA5 是目前气候趋势评估中最可靠的再分析数据集。与 ERA-Interim 相比，ERA5 的预测模型和同化系统，以及改进后的观测数据再处理，与观测数据相比误差相对较小，并能更好地反映全球能量收支、火山爆发后的辐射强迫、地表能量和风的分布。在 ERA5 中，更高的分辨率意味着能更好地反映对流上升气流、重力波、热带气旋和其他中尺度到天气尺度的大气特征。一些研究仍然使用 NCEP/NCAR 再分析，主要是因为它可以追溯到 1948 年，并且实时更新。此外，需要注意的是，旧的再分析数据有许多局限性，在评估使用它们的任何研究结果时，必须考虑其自身的局限性（表 1-3、表 1-4）。

表 1-3　一些常用的全球大气再分析资料集（根据 IPCC AR6，2021 改编）

| 再分析资料集名称 | 资料涵盖时段 | 赤道地区空间分辨率/km |
| --- | --- | --- |
| 20 世纪再分析第 2 版本（20CR） | 1871～2010 年 | 320 |
| NCEP/NCAR R1（NNR） | 1948 年至今 | 320 |
| ERA40 | 1957～2002 年 | 125 |
| JRA55 | 1958 年至今 | 60 |
| NCEP/DOE R2 | 1979 年至今 | 320 |
| JRA25 | 1979 年至今 | 190 |
| MERRA | 1979 年至今 | 75 |
| ERA-Interim | 1979 年至今 | 80 |
| CFSR | 1979 年至今 | 50 |
| ERA5 | 1979 年至今 | 31 |
| MERRA-2 | 1979 年至今 | 50 |
| CAMS | 2015 年至今 | 40 |

表 1-4　常用的海洋再分析数据集

| 名称 | 同化方法 | 水平分辨率 | 垂向范围和垂向分层 | 时间范围和时间分辨率 |
| --- | --- | --- | --- | --- |
| 欧洲中心 ORAS4 | 三维变分 | 1°×1° | 0～5350m，42 层 | 1958～2017 年，月平均 |
| 美国 ECCO | 四维变分 | 1°×1° | 0～5906m，50 层 | 1980～2015 年，月平均 |
| 中国 CORA-2 | 三维变分 | 1/10°×1/10° | 0～5906m，50 层 | 1989～2019 年，3h |
| 意大利 C-GLORS | 三维变分 | 1/4°×1/4° | 0～5902m，75 层 | 1980～2015 年，月平均 |
| 美国 SODA | 最优插值 | 0.5°×0.5° | 0～5395m，50 层 | 1980～2016 年，月平均 |

与观测资料、古气候资料一起，再分析资料成为研究气候变率和变化的重要资料。例如，有学者利用 NCEP/NCAR 再分析产品与地表台站资料所反映出来的地表气温差异，研究了城市化和土地利用变化对美国气候变化的影响。另外，全球再分析资料在时空分布上具有观测资料不可比拟的优越性，为当代区域气候的模拟和评估提供了可信度较高的边界驱动条件，如在亚洲区域模式比较计划（RMIP）中，所有参与比较的区域气候模式均是采用 NCEP/DOE（美国能源部）再分析资料进行驱动的。此外，全球再分析资料还被用于研究气候系统中水循环及其对全球变化的响应，特别是对那些由温室气体增加所引起的响应。例如，NCEP/NCAR 和 ERA40 再分析资料被用于评估和分析中国的长江流域、黄河流域，以及整个东部地区的水分收支状况。总而言之，再分析资料在气候变率和变化、区域气候变化、水分循环和能量平衡等诸多研究领域中具有十分广泛的使用价值。

## 1.4　气候变化长期序列的构建

所有用以评估观测到的全球气候变化的数据集都有了新的发展，并出现了一些新的温度序列产品，如 Berkeley Earth（Rohde and Hausfather，2020）和中国的全球陆地气温序列 China-MST（Li et al.，2020a，2021；Sun et al.，2022），也发展了一些新的数据集合重建方法，以提高对全球变暖趋势及其不确定性水平的估计。而且重点解决了两个方面的系统性问题：其一是新的 SST 数据集解决了原序列中船舶到浮标平台所观测的 SST 的系统偏差问题；其二是所有数据集序列都采用了新的数据重建方案，以改进空间上的数据缺失。这种重建在北极地区尤为重要，因为北极温度升高迅速，数据的空间采样过少会造成全球地表温度序列产生冷偏差。

### 1.4.1　全球地表温度变化序列

全球地表温度变化是反映气候系统变化的重要指标，也是历次 IPCC 报告的核心内容之一。全球陆地表面温度变化通过长期的气象观测站监测得到，而海洋表面温度（SST）变化主要来源于船舶、卫星遥感和浮标的监测。全球地表温度变化序列则结合陆面气温观测和海面温度观测得到全球地表温度。国际上比较常用的全球温度数据集包括英国东英吉利大学气候研究中心（CRU）、美国国家气候资料中心（NCDC）和美国国家航空航天局戈达德太空研究所（GISS）的三套数据集，这三套数据集也是历次 IPCC 报告气候变化的关键序列。

温度观测序列中出现的随时间变化的不一致性、观测误差和采样误差、资料空间覆盖范围的变化，以及观测资料的计算和分析方法变化等方面的问题都会影响气候变化的结论。例如，采用格点化和测站资料直接生成的气候变化序列的结果存在差异。Jones 等（2012）利用早期十分有限的资料，进行冻结网格试验，研究结果指出，资料观测空间分布密度的变化对全球和半球温度变化产生的偏差在 10 年际的时间尺度上为 ±0.05℃；在资料十分缺乏的早期，个别年份的偏差可达 ±0.2℃；对于全球月平均温度而言，其偏差甚至可达 0.2～0.3℃。因此，在几条知名的全球地表温度序列生成过程中，如何处理序列非均一性、处理数据缺测、形成陆地表面气温序列、形成海洋表面温度序列、建立全球地表平均温度序列都有严谨的处理。

全球地表气温变化研究取得了许多重要的进展。例如，NCDC 的 GHCNv3（global historical climatology network version 3）数据集做了很多的改进。GISS 提供的估计主要是基于 GHCN，利用夜间灯光数据对城市热岛影响进行了订正。CRUTEM4 数据集融合了不少新的观测序列和非均匀性订正序列。美国伯克利地球表面温度计划（Berkeley Earth Surface Temperature Project）采用截然不同的方法研发了一套新的数据集。尽管 4 个数据集采用不同的研制方法，但所反映的陆地表面气温长期的变化趋势大致相同。这些进步能提高我们对数据本身存在的问题和不确定性的认识，同时也使得到的陆地表面气温序列更加可靠。

海洋表面占全球表面 70%以上。早期的 SST 观测由海上活动的船只获取，20 世纪 80 年代以后浮标测量才得到大范围的使用。由于早期使用帆布或者水桶打捞海水，在进行测量之前海冰接触到空气从而失去热量，因此早期的观测数据整体偏冷。HadSST2 和 ERSST 数据都使用了不同的"水桶订正"方法。1850～1941 年，HadSST2 和 ICOADS 之间存在显著差异（图 1-2）。1941 年以后，水桶测量通过改良设计和测量方法减小了测量误差。发动机也会使机舱吸入水的温度测量产生暖偏差，船舶测量 SST 比浮标数据平均偏暖 0.12～0.18℃。卫星遥感观测的 SST 数据集也是近代全球海洋表面温度系列的关键组成部分。自 IPCC AR4 起，经过各种新的订正与技术处理，卫星 SST 产品质量有了进一步的提高。

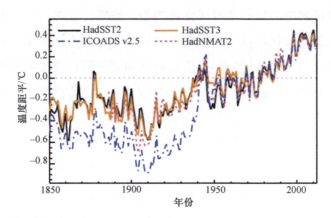

图 1-2　全球年平均海洋表面温度（sea surface temperature，SST）距平和夜间海面气温（night marine air temperature，NMAT）距平（相对于 1961～1990 年气候态）（IPCC，2013）

包括 SST 观测格点数据集（HadSST2 和 HadSST3）、原始 SST 观测数据集（ICOADS v2.5）和夜间海洋表面气团温度数据集（HadNMAT2）。HadSST2 和 HadSST3 是基于 ICOADS 数据集的 SST 观测数据，分别具有不同程度的测量偏差校正

近年来，中国也研发了全球地表温度数据集 China-MST，并建立了 1850 年以来的长期温度变化序列。它是通过将中国全球陆地表面气温（China-LSAT 或 C-LAST）（Xu et al.，2017；Yun et al.，2019；Li et al.，2021）合并为陆地分量，将 ERSSTv5（扩展重建海面温度版本 5）作为海洋分量合并而生成的（Yun et al.，2019；Li et al.，2020a，2021；Sun et al.，2021）。从 1880 年以来的全球平均地表温度（GMST）趋势和不确定性水平来看，China-MST 与其他全球数据集大体一致（Li et al.，2020b）。IPCC AR6 采用了 China-MST-Interim 版本（表 1-5），但由于当时其海温分量 ERSSTv5 并没有进行极地冰面温度重建，IPCC AR6 认为只有陆地气温分量 C-LSAT2.0 满足作为全球基准温度数据集的要求（Gulev et al.，2021）。此后，该数据集 2022 年发布了其最新版本 CMST2.0（Sun et al.，2022）。

CMST2.0 包含三种版本：CMST2.0-Nrec（无重建）、CMST2.0-Imax 和 CMST2.0-Imin（根据其重建的北极地区海冰表面空气温度区域）。重建的数据集显著提高了数据覆盖率，而 CMST2.0-Imax 和 CMST2.0-Imin 在北半球的覆盖率提高到 95% 以上，从而进一步增加了 1850 年以来全球、半球和区域范围内的长期趋势。尽管 CMST2.0 数据集没有在 IPCC AR6 中应用，但目前已经可在相关网站上（http://www.gwpu.net）获取。

表 1-5　IPCC AR6 WGI 考虑的 GMST 原数据产品的主要特征

| 数据集 | 记录时段（年份） | 地面气温数据 | 海表温度数据 | 采用集合平均以反映其变化不确定性 | 是否符合入选标准 |
| --- | --- | --- | --- | --- | --- |
| HadCRUT v5 | 1850~2020 | CRUTEM5 | HadSST4 | 是 | 是 |
| NOAA GlobalTemp - Interim | 1850~2020 | GHCNv4 | ERSSTv5 | 是 | 是 |
| Berkeley Earth | 1850~2020 | Berkeley | HadSST4 | 否 | 是 |
| Kadow et al. | 1850~2020 | CRUTEM5 | HadSST4 | 否 | 是 |
| China -MST - Interim | 1856~2020 | CLSAT | ERSSTv5 | 否 | 是 |
| GISTEMP | 1880~2020 | GHCNv4 | ERSSTv5 | 是 | 是 |
| Cowtan and Way | 1850~2020 | CRUTEM4 | HadSST3 | 是 | 否 |
| Vaccaro et al. | 1850~2020 | CRUTEM4 | HadSST3 | 否 | 否 |

尽管上述基准数据集体现出的全球温度变化趋势非常接近，但数据集之间仍然存在一定的差异，特别是在早期观测极度缺乏时期和某些重点区域尺度上。因此，未来数据集的完善应放在这些方面。例如，比较而言，区域尺度平均的温度变化比全球平均温度更为复杂，需要考虑更多的影响因素和区域性特点（Li et al., 2020b）。从图 1-3 中可以看出，1900 年以来中国地面气温虽然比全球平均地表温度（GMST，含 SST）变化要快（约为全球陆地气温的 1.5 倍），这主要与该地区人为外强迫响应及其持续性有关（Li et al., 2022），但总的来说，与全球陆面气温的变化趋势更为接近。中国区域与全球陆地气温变化略有区别之处是由于受到冬季大气环流异常的影响，该区域近年来气温距平增加并不明显。但分析表明，

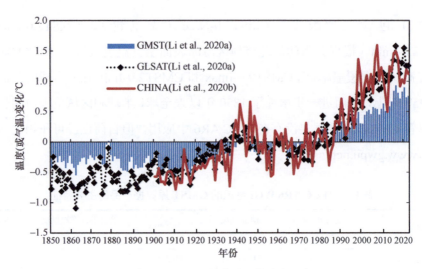

图 1-3　基于 China-MST 2.0（Sun et al.，2022）的全球平均地表温度（GMST）（1850~2022 年）、全球陆地气温（GLSAT）（1850~2022 年）和中国气温（CHINA）（1900~2022 年）序列

近几十年来中国大部分地区温度表现为夏季高温上升，冬季低温下降的极端化趋势格局（Li et al.，2015）。

### 1.4.2　全球地表气温数据序列

在气候变化模拟过程中常常不用全球平均地表温度（GMST），而是采用全球平均地表气温（GSAT）来反映地表温度变化。由于 GMST 由全球陆地表面气温（LAST）和海洋表面温度（SST）构成，而 GSAT 由 LAST 和海洋表面气温构成，两者虽然有联系但在物理意义上不完全一致。

虽然船舶观测提供如百叶箱的气温观测，但白天受到船体结构的加热影响，在气候变化研究中对于海表气温的变化一般基于夜间温度观测开展。此外，还可以采用 CMIP 模式模拟、大气再分析等手段提供海洋表面气温变化的证据，但模拟和再分析的海面气温毕竟不是真实观测，其受到近表面边界层和模式参数化方法的限制。

总的来看，GMST 与 GSAT 在物理上有显著差别，但从其反映的长期温度变化趋势来看，其差异不超过 10%。

# 1.5　气候变化序列的非均一性

和天气资料不同，气候资料在某种意义上是"二手"资料，即需要对采集、积累的原始资料进行加工，才能形成真正意义上的"气候质量"的数据产品。其中，气候数据的均一性是"气候质量"的核心。气候序列均一性可用其反面更加清晰地阐述，所谓气候序列的非均一性，就是气候序列中非气候原因造成的、相对于自然变率不可忽视的系统性差异。从时空的角度上讲，气候序列的非均一性可以分为空间上的非均一性和时间上的非均一性（不连续性）。在同一观测站网络得到的观测序列中，一般考虑得较多的是时间上（即气候序列）的均一性。而采用不同观测网络（如不同国家的站网，不同类型、级别的站网）的资料进行合并处理时，则还需要考虑空间的均一性。

满足均一性条件的气候数据对于历史气候趋势和变率的研究，尤其对于气候态和极端事件的研究非常重要，然而长序列的气候数据记录不可避免地存在观测仪器更换、观测方式改变、台站迁移乃至台站环境的变化（如城市化）等非气候因素造成的非均一性（不连续）断点。其中，仪器更换、观测方式改变、台站迁移等，通常会引起突然跳跃式的非均一性，而台站环境变化（如城市化）则更可能导致渐变的非均一性。值得注意的是，目前对于前一种（跳跃式）非均一性，检验和订正技术均相对较为成熟，均一化效果也非常明显；而对于后一种（渐变式）的情况，在气候变化研究中，更多的是将其作为一种观测"偏差"进行处理，侧重于估计其不确定性，而非力图进行准确订正。

一般来说，气候资料非均一性的处理包括两个步骤：一是检验，即发现资料序列的非均一性断点的位置和幅度；二是订正（或更准确地称为调整），即处理或去除这种序列的非均一性。从处理方法上，气候资料均一性检验与订正（调整）有两种方法：主观方法和客观方法。主观方法主要通过翔实的元数据信息和对比分析，采用主观调整的方法进行断点的检查与订正，并直观地判断序列产生非均一性变点的时间及原因。然而，受多种历史因素影响，详尽的台站元数据信息很难获取。因此，以一定的统计量和显著性检验为工具，对序列中的非均一性（不连续性）信号进行检测，使其在统计上体现出来的客观方法被越来越多的科学家采用。WMO 气候学委员会（CCI）推荐的客观方法有 10 多种，每一种都具有各自的特点和优势，应用比较广泛、检验精度优势较明显的有距平累加法、连续 $t$ 检验法、回归检验法、标准正态均一检验法、惩罚最大 $t$ 检验法和惩罚最大 $F$ 检验法等。这些方法也随着数据均一性精度要求的提高不断得以发展，形成了一系列更为完善的均一性检验方法、思路和软件，但解决气候资料非均一性的研究方法还远未完美。

# 1.6　气候变化信号

## 1.6.1　气候变率和气候变化信号

工业革命以来的多尺度气候变化是长期人为变化和自然变化的综合反映，变化的时间尺度从几天到几十年不等。这两个因素的相对重要性取决于具体的气候变量或所关注的区域。气候系统的自然变化包括自然辐射强迫（如火山爆发或太阳变化）和气候系统的"内部"波动（即使在没有任何辐射强迫的情况下也会发生）。内部的"变率模态"有厄尔尼诺–南方涛动（ENSO）和北大西洋涛动（NAO）等。

## 1.6.2　气候变率对短期趋势的影响

天气和较长时间尺度的自然变化可以暂时掩盖或增强人为变化趋势。这些影响在小的空间和时间尺度上尤为重要，但也可能发生在全球尺度上。

最近的许多研究通过使用数值模拟的"大集合"来检验内部变化的作用，其中每一个集合由单一气候模式对同一时期使用相同辐射强迫的多个模拟组成。根据"大集合"的一组示例可以看出气候变率是如何影响年代际时间尺度上的趋势的。当把集合作为一个整体考虑时，这组气候指标中的长期趋势非常明显，所有单个集合成员的海洋热含量（OHC）趋势非常相似。然而，在 GSAT、英国夏季气温和北极海冰变化方面，个别成员可以表现出非常不同的年代际趋势。更具体地说，虽然长期趋势是气温上升和海冰减少，但在具有代表性的 11 年期间，所有这些指标都存在正趋势和负趋势。从这些区域变化例子中也可以看到 20 多年长期趋势被大大掩盖或增强的时期。这反映了一个事实，在观测序列中可能显示出比长期趋势更大或更小的短期趋势，或不同于气候模式预估的平均趋势，特别是在大陆尺度上或更小的空间尺度上的趋势。

### 1.6.3　气候变化信号的萌现

20 世纪 30 年代，人们注意到在局地和全球尺度气温都在上升，但当时还不清楚观察到的变化是长期趋势的一部分还是自然波动的一部分，这个信号还没有从自然变化的噪声中清晰地显现出来。此后，许多研究聚焦于仪器观测中发现的温度变化（Madden and Ramanathan，1980；Lehner et al.，2017）以及对古温度数据的分析（Abram et al.，2016）。

自 2001 年 IPCC 第三次评估报告以来，在全球尺度上明确检测到气候变化的观测信号，而且这一信号越来越多地从更小的空间尺度和一系列气候变量的自然变率噪声中显现出来。

气候变化信号或趋势的萌现指的是当气候变化（信号）大于自然或内部变化的幅度（定义为噪声）。这一概念通常表示信噪比（$S/N$）超过一个特定的阈值（例如，$S/N > 1$ 或 2）。萌现可以通过观测和模式模拟来计算，也可以参考相对于历史或现代基线的变化。这个概念也可以用气候变化信号出现或根据全球变暖水平的时间来表达萌现的时间（Kirchmeier-Young et al.，2018），也可以指预期看到减少温室气体排放或增强其汇的减缓行动响应的时间。在可能的情况下，萌现应在明确定义的信噪比水平或其他量化的范围内讨论，如信号萌现在信噪比>2 的水平下讨论。

与萌现概念相关的是气候变化检测。气候变化检测被定义为揭示气候的某些方面或者受气候影响的某一系统发生的显著变化过程，如指纹法（Hegerl et al.，1996），但不提供这类变化的原因。

图 1-4 是观测到的地面气温变化信号萌现的一个例子。气温变化最大、年变化幅度最大的地区都在北极，低纬度地区变暖程度较低、年变化幅度较小；温度

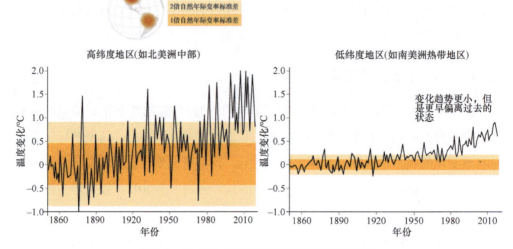

**图 1-4　自 1850 年以来观测到的区域温度变化**

高纬度地区如北美洲中部（40°N～64°N，140°W～60°W，左），比低纬度地区如南美洲热带地区（10°S～10°N，84°W～16°W，右）变暖的幅度更大，但高纬度地区的自然变化也更大（较深和较浅的阴影分别代表自然年际变率 1 倍和 2 倍标准差）。在南美洲热带地区观测到的温度变化信号出现得比北美洲中部更早，尽管变化幅度较小（IPCC AR6，2021）

变化的萌现在南美洲北部、东亚和中非比北美北部或北欧更为明显。总的来说，热带地区比高纬度地区更早萌现温度变化的信号。

　　近 10 年来，也有许多研究关注到未来变化的萌现信号，这些研究包括表面空气温度、海洋温度和盐度、平均降水、干旱、极端事件，以及区域海平面变化。

　　尽管任何幅度的变化都很重要，但相对于背景变化而言，变化信号较大的地区可能会比其他地区面临更大的风险，因为它们将更快地经历不同寻常或新的气候条件。如图 1-5 所示，热带地区的温度变化信号通常较小，但它们的变率幅度也较低，这意味着它们可能比中纬度地区更早受到气候变化的影响。此外，由于人口众多，这些热带地区往往是受影响最严重的地区之一，而且往往更脆弱。变化速度对许多风险也很重要。因此，提供更多关于区域尺度变化及其特定原因的相关归因，对于制定有效的气候变化适应规划至关重要。

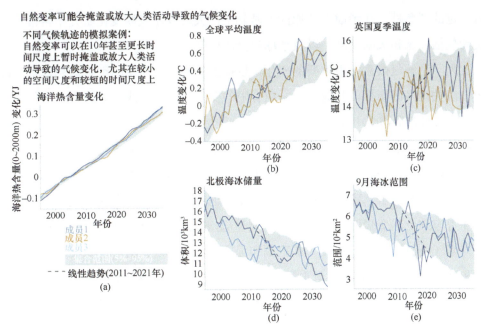

图 1-5　使用 MPI ESM 大集合模拟历史情况和 RCP4.5 情景下各种气候指标的变化

灰色阴影显示 100 个成员 5%～95% 的范围。彩色线代表个体样本集合成员，虚线表示 2011～2021 年的线性趋势。
（a）海洋热含量（OHC）在 2000 m 以上的变化，代表全球变暖的综合信号，（b）、（c）表示地表温度相关指标（全球温度变化和英国夏季温度），（d）、（e）表示北极海冰相关指标（北极海冰储量和 9 月海冰范围）（IPCC AR6, 2021）

## 1.7　气候变化大尺度指标

　　气候系统变化受到驱动因子、大尺度气候因子及主要气候变率模态的影响。驱动因子主要来自一些气候系统外部强迫，如人为排放的温室气体、火山喷发、太阳活动等；气候系统内部的大尺度因子主要包括大气、海洋、陆地、冰冻圈、生物圈在内的一些大尺度指标；许多气候变率模态也会对气候变化产生影响。例如，厄尔尼诺–南方涛动、印度洋海盆一致模和印度洋偶极子、大西洋多年代际变率、太平洋年代际变率、环状模（NAO/NAM，SAM）、大西洋经向和纬向模态。

　　大尺度气候变率和变化受到外强迫和内部变率的共同影响。许多外强迫具有显著的半球和大陆尺度变化，而气候变率模态通常是由海盆尺度的过程驱动的。气候系统涉及从微观到全球尺度的过程相互作用，因此对于大尺度定义的阈值具有一定的任意性。在考虑上述原因的基础上，大尺度在气候变化研究中常常被定义为包括洋盆和大陆尺度，以及半球和全球尺度。

为了了解气候系统中重要的变化，以提供气候系统演变的综合信息，可以确定一组关键气候指标，其通常由一组有限的变量和指标组成，如分别在大气、海洋、冰冻圈和生物圈中选择关键指标，并把陆地作为一个跨圈层的组成部分考虑。这些指标的详细信息如表 1-6 所示。为了确定全球水循环的大尺度变化和人类活动对全球水循环的影响，本书选择整个水循环的一小部分指标：海洋和陆地降水蒸发差、全球降水、可降水量、地表湿度（绝对和相对）和全球河流径流；并进一步考虑到全球变暖可能伴随着能量/质量/动量约束的大尺度环流模式的变化，如哈得来（Hadley）环流（HC）的范围和强度、季风系统、副热带和极地急流的位置和强度。而对于冰冻圈，选取积雪、冰川物质和范围、冰盖物质和范围、多年冻土温度和活动层厚度作为指标。气候系统的能量不平衡主要来自海洋，因此海洋

表 1-6　气候变化大尺度指标

| 气候系统圈层 | 气候系统变量 |
|---|---|
| 大气和地表 | 地表和上层空气温度 |
| | 水循环组成部分（地表湿度、可降水量、降水、径流、降水蒸发差） |
| | 大气环流（海平面气压和风、Hadley/Walker 环流、全球季风、阻塞、风暴路径和急流、平流层爆发性增温） |
| 冰冻圈 | 海冰范围/面积、季节性和厚度 |
| | 积雪 |
| | 冰川物质和范围 |
| | 冰盖物质和范围 |
| | 多年冻土温度和活动层厚度 |
| 海洋 | 温度/海洋热含量 |
| | 盐度 |
| | 海平面 |
| | 洋流 |
| | pH 和含氧量 |
| 生物圈 | $CO_2$ 的季节循环 |
| | 海洋生物圈（生物群落的分布、初级生产力、物候） |
| | 陆地生物圈（生物群落的分布、绿度、生长季） |

温度和热含量的变化十分明显。盐度的变化反映了大尺度水循环和环流的变化。全球平均海平面变化是影响全球变暖和全球冰质量变化的一个关键指标。海洋翻转环流重新分配海洋内的热量、碳、氧和盐度，在气候变化中也十分重要。海洋 pH 和含盐量的下降是因为受到海洋变暖、大气与海洋交换 $CO_2$ 和海洋脱氧的影响，两者都会导致海洋生态系统的变化。对于生物圈指标的选择，需要考虑 $CO_2$ 的季节循环、海洋生物圈及陆地生物圈有关指标。$CO_2$ 的季节循环是衡量全球生物圈生物地球化学活动的综合指标；海洋和陆地生态系统的变化也可以在大尺度上直接观察到。

# 参 考 文 献

丁一汇, 张锦, 徐影, 等. 2003. 气候系统的演变及其预测. 北京: 气象出版社.

缪启龙, 刘雅芳, 周振拴. 1995. 气候学. 北京: 气象出版社.

秦大河. 2018. 气候变化科学概论(修订版). 北京: 科学出版社.

王绍武. 2001. 现代气候学研究进展. 北京: 气象出版社.

Abram N J, Mcgregor H V, Tierney J E, et al. 2016. Early onset of industrial-era warming across the oceans and continents. Nature, 536(7617): 411-418.

Gulev S K, Thorne P W, Ahn J, et al. 2021. Changing state of the climate system//Masson-Delmotte V, Zhai P, Pirani A, et al.Climate Change 2021: The Physical Science Basis. Contribution of Working Group I to the Sixth Assessment Report of the Intergovernmental Panel on Climate Change. Cambridge, United Kingdom and New York, NY, USA: Cambridge University Press: 287-422.

Hegerl G C, von Storch H, Hasselmann K, et al. 1996. Detecting greenhouse-gas-induced climate change with an optimal fingerprint method. Journal of Climate, 9(10): 2281-2306.

Hidore J J, Oliver J E. 1997. Climatology: An Atmospheric Science. New York, NY, USA: Macmillan Publishing Company.

IPCC. 2013. Climate Change 2013: The Physical Science Basis//Stocker T F, Qin D, Plattner G K, et al. Contribution of Working Group I to the Fifth Assessment Report of the Intergovernmental Panel on Climate Change. Cambridge, United Kingdom and New York, NY, USA: Cambridge University Press: 1535.

IPCC AR6. 2021. Climate Change 2021: The Physical Science Basis// Masson-Delmotte V, Zhai P, Pirani A, et al. Contribution of Working Group I to the Sixth Assessment Report of the Intergovernmental Panel on Climate Change. Cambridge, United Kingdom and New York, NY, USA: Cambridge University Press:2392.

Jones G S, Lockwood M, Stott P A. 2012. What influence will future solar activity changes over the 21st century have on projected global near-surface temperature changes? Journal of Geophysical Research Atmospheres, 117(D5): 103.

Kirchmeier-Young M C, Gillett N P, Zwiers F W, et al. 2018. Attribution of the influence of human-induced climate change on an extreme fire season. Earth's Future, 7(1): 2-10.

Lehner F, Coats S, Stocker T F, et al. 2017. Projected drought risk in 1.5℃ and 2℃ warmer climates. Geophysical Research Letters, 44(14): 7419-7428.

Li Q, Dong W, Jones P. 2020b. Continental scale surface air temperature variations: Experience derived from the Chinese region. Earth-Science Reviews, 200: 102998.

Li Q, Sheng B, Huang J, et al. 2022. Different climate response persistence causes warming trend unevenness at continental scales. Nature Climate Change, 12: 343-349.

Li Q, Sun W, Huang B, et al. 2020a. Consistency of global warming trends strengthened since 1880s. Science Bulletin, 65(20): 1709-1712.

Li Q, Sun W, Yun X, et al. 2021. An updated evaluation of the global mean land surface air temperature and surface temperature trends based on CLSAT and CMST. Climate Dynamics, 56(1-2): 635-650.

Li Q, Yang S, Xu W, et al. 2015. China experiencing the recent warming hiatus. Geophysical Research Letters, 42(3): 889-898.

Madden R A, Ramanathan V. 1980. Detecting climate change due to increasing carbon dioxide. Science, 209(4458): 763-768.

Rohde R A, Hausfather Z. 2020. The Berkeley Earth Land/ocean temperature record. Earth System Science Data, 12(4): 3469-3479.

Sun W, Li Q, Huang B, et al. 2021. The assessment of global surface temperature change from 1850s: The C-LSAT2.0 ensemble and the CMST-Interim datasets. Advances in Atmospheric Sciences, 38(5): 875-888.

Sun W, Yang Y, Chao L, et al. 2022. Description of the China global merged surface temperature version 2.0. Earth System Science Data, 14(4): 1677-1693.

Xu W, Li Q, Jones P, et al. 2017. A new integrated and homogenized global monthly land surface air temperature dataset for the period since 1900. Climate Dynamics, 50(7-8): 2513-2536.

Yun X, Huang B, Cheng J, et al. 2019. A new merge of global surface temperature datasets since the start of the 20th century. Earth System Science Data, 11(4): 1629-1643.

# 第 2 章

# 气候变化驱动因子变化

从地质时期到近代,驱动地球系统气候变化的主要因子包括地球轨道偏心率、黄赤交角、岁差等天文学因素,太阳辐射、火山喷发等大气物理学因素,极点移动、海陆分布变迁和地质构造运动等地质地理学因素,人类燃烧化石燃料改变大气成分(温室气体、气溶胶等)和土地利用及陆面覆盖变化等人类活动因素。其中,由地球轨道变化、太阳活动、火山喷发等造成的辐射强迫通常被称为自然强迫或自然因子,而与人类活动有关的对大气成分及下垫面的改变通常被称为人类活动强迫或人为因子。各驱动因子造成的辐射强迫及其随时间的演变见图 2-1 和图 2-2。

本章主要介绍地球轨道的变化、太阳活动变化、火山活动及人类活动对气候状态影响的原理和过程。

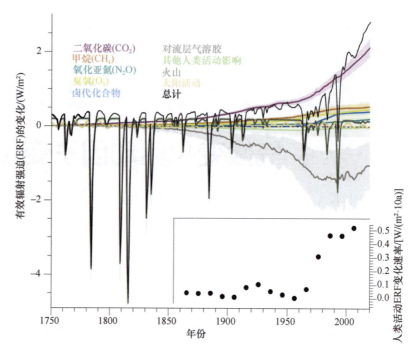

图 2-1 不同驱动因子造成的有效辐射强迫的时间演变（1750～2020 年）（Gulev et al.，2021）
实线为各因子有效辐射强迫的最优估计，阴影为对应的 5%～95% 不确定性区间。插入的小图展示了以圆点为中心的每 30 年人类活动造成的总有效辐射强迫变化（不包括太阳总辐射和火山喷发造成的有效辐射强迫变化）的速率（以线性趋势表征）

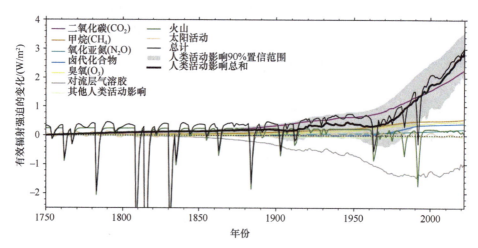

图 2-2 不同驱动因子造成的有效辐射强迫的时间演变（1750～2022 年）（Forster et al.，2023）

# 2.1　地球轨道变化

地球系统几乎所有的能量都来源于太阳。因此，在太阳辐射强度（辐照度）变化不大时，日地关系的变化就会影响地球系统接收到的能量，进而导致地球气候的变化。具体来说，地球围绕太阳公转轨道的变化、地轴倾角的变化及岁差现象都会导致日地相对位置的变化，进而影响地球接收到的太阳辐射，导致气候发生变化。日地关系的变化可以很好地解释过去 100 万年大尺度的气候变化。

地球轨道主要存在三种不同长短周期的规律性变化，具体如下。

## 1. 地球轨道偏心率变化——约 10 万年周期

地球以椭圆轨道绕太阳旋转，太阳处于椭圆的一个焦点上。椭圆的偏心率可以用来表示椭圆相对正圆的形变程度，偏心率越小越接近圆形轨道。目前，椭圆轨道的偏心率为 0.017 左右，但是这一数值在过去几十万年在 0～0.06 之间变化。地球轨道偏心率的变化最主要体现在近日点和远日点的日地距离的变化。当椭圆轨道偏心率减小、地球公转轨道接近圆形时，地球在不同位置接收到的太阳辐射趋于相同；反之，地球在不同位置接收到的太阳辐射差异明显。偏心率造成的近日点和远日点的日地距离差异为 3.3%，而在偏心率最大时，这一差异可达到 12%，同时地球接收的太阳辐射差异达到 24%。偏心率的变化还会影响不同季节的长短和温度。在北半球 7 月，地球位于公转轨道远日点，如果偏心率变大，等同于椭圆轨道长轴变长，会导致北半球夏季变长且凉爽；同理，北半球冬季短暂而温暖，南半球则相反。轨道偏心率的变化存在以 40 万年和 10 万年左右为主的 2 个准周期，其中 40 万年周期的轨道变化主要是由木星对地球的引力变化引起的。

## 2. 地球自转轴相对于地球轨道倾角变化——约 4.1 万年周期

地球的自转轴并非垂直于公转轨道面，而是倾斜的。地球转轴倾角是指垂直于地球自转轴的平面（赤道平面）相对于地球公转轨道平面（黄道平面）的倾斜角，也叫黄赤交角，目前为 23°26′。当转轴倾角发生变化时，虽然不会造成地球接收的总能量发生变化，但是不同纬度接收到的能量会重新分配。由于地球海陆分布的不均匀，地球倾角的变化也会导致地球接收到的有效太阳辐射发生变化，进而引起全球性的气候变化。

轨道倾角的变化影响着极圈和回归线的纬度位置，当倾角（黄赤交角）增大（也就是地轴更斜），南北回归线的范围扩大；同时高纬度夏季接收的太阳辐射增大，冬季接收的太阳辐射减少，也就是高纬度夏季更热，冬季更冷。反之，当倾角（黄赤交角）减小（也就是地轴更竖），南北回归线的范围减小，同时高纬度夏季接收的太阳辐射减少，冬季接收的太阳辐射增加，也就是高纬度夏季更凉爽，冬季更温暖。无论转轴倾角（黄赤交角）增大还是减小，均会引起大气环流的改变，进而改变当前的气候状态。转轴倾角波动周期长达 4 万年。

### 3. 岁差现象——2.6 万年周期

地球围绕地轴做周期性旋转运动，这种运动称为自转。但是自转轴的指向并不是永恒不变的，而是在北极上方周期性地做圆周运动，这种自转轴的进动现象会造成恒星年和回归年的差异。一般来说，地球绕太阳公转一周回到初始的日地相对位置所用的时间称为恒星年；而回归年指太阳两次直射同一点的时间间隔。由于地球自转轴进动现象的存在，恒星年和回归年不完全一致，回归年短于恒星年，一年大约相差 20min，即岁差现象。可以依此计算出地球自转轴进动的周期为 2.6 万年左右。我国古代很早就发现了回归年和恒星年的差别，因此将恒星年称为一年，而回归年则称为一岁。黄赤交角的存在，形成了地球的四季，如果地轴的指向随时间变化，那么太阳直射地球的位置在年周期中也会发生相应变化。因此，地球自转轴进动也必然会导致不同季节的开始和结束的时间发生变化，进而导致气候发生变化。例如，现在北半球近日点为冬季，远日点为夏季，但是在大约一万年前，北半球冬季处在远日点位置，那时的气候比现在更加极端，即冬季更加寒冷，冬夏温差更大。

最新的科学评估指出，缓慢的日地关系周期性变化导致不同季节和不同纬度接收到的太阳辐射存在差异。科学家已经有能力较为准确地估算出过去千万年间，日地关系的变化所导致的地球不同季节和纬度接收的太阳辐射的变化。例如，北半球夏季 65°N 附近在过去百万年间接收的辐射变化幅度大约为 83W/m$^2$，而在过去一千年间的变化幅度大致为 3.2W/m$^2$，这并不足以引起全球平均的辐射强迫的明显变化（过去千年由此引起的全球辐射强迫变化仅有 0.02W/m$^2$）。

## 2.2 太 阳 活 动

太阳活动是指太阳自身各种物理活动的总称，本章重点关注与太阳辐射或磁场变化有关的活动，主要讨论太阳黑子和耀斑现象。太阳光球上相对较暗的黑斑就是太阳黑子，温度比太阳光球表层温度偏低，因此看起来像是太阳上的黑点。黑子的数量关联到太阳辐射的强度。耀斑也称为色球爆发，是太阳活动中最剧烈的现象，它出现在色球—日冕过渡区的不稳定过程中，是向太阳表面突出并迅速发展的亮斑，在短时间内释放大量能量、粒子和电磁辐射，会造成地球电离层的急剧变化，造成短波通信中断。在太阳活动的 11 年周期峰值，耀斑活动也比较频繁，数目增多。过去由于观测资料的稀缺，人们往往认为太阳辐射是不变的，辐射强度即太阳常数，然而随着观测技术的进步，太阳辐射强度会呈现准周期的变化。尽管如此，在一个 11 年周期内，辐射量最大值和最小值相差不到 0.08%。因此，从长期来看，也可以认为太阳的辐射强度是一个常数。

表征太阳活动的一个重要指标是太阳黑子数。一般来说，太阳黑子数多时，太阳活动剧烈；太阳黑子数少时，太阳活动较弱。气象学家根据历史观测资料得到太阳活动存在平均 11 年的准周期特征，这一周期在 7.3～16.1 年的范围变动。同时，太阳磁场存在准 22 年的周期变化，即 2 个完整的 11 年周期组成的太阳黑子磁极反转的周期。除了以上两个周期，太阳活动还存在其他的周期，如 35 年、80～90 年的周期等。

太阳活动的准周期性可能会对全球及区域天气气候产生影响。一般认为，太阳活动比较频繁时，表现为太阳黑子数量增多，辐射增强，磁场活动和高能粒子发射强烈，可能导致地球气候偏暖；反之亦然。例如，一些研究表明，欧洲中部地区的寒冬多集中于太阳活动 11 年周期的谷值年附近；也有研究表明，区域气候也受到太阳活动的影响，如印度的降水与太阳活动 22 年准周期有关；其他的一些研究表明，太阳活动 11 年周期可能和 ENSO 的发生频数有关。还有证据指出，强太阳活动还可以通过改变大气温度梯度、密度、运动等，影响极涡、北大西洋涛动、东亚夏季风、平流层大气质量环流等大尺度环流系统。强的太阳耀斑同样可以引起中高纬度大气环流的变化，耀斑后第三、第四天雷暴活动增强，在磁暴期间高纬度地区高空大气低槽的面积会增大且变深。

尽管如此，太阳活动对气候变化的影响仍然存在很多疑问。首先，地球气候要素很少存在准 11 年的周期，即使存在，也十分不稳定。换句话说，11 年周期并不是地球气候系统的主要周期，对于太阳活动如何影响地球气候的物理机制仍然不清楚。其次，气候要素的变化与太阳活动的变化很少存在显著的相关关系，即使有相关关系，也十分不稳定。最后，太阳辐射的变化是否与太阳活动有关也有待进一步研究确认。

由于气象要素和太阳活动都存在多种时间尺度的变化周期，它们的主要变化周期在不同时段内也存在变化，加上气象要素的各种时间尺度周期叠加在一起，因此分离出太阳活动对气象要素的影响变得十分困难，研究人员需要更多的资料和更长的时间才能给出明确的答案。

为了研究过去更长时间尺度上太阳活动的变化，必须构建过去的太阳活动数据库。一些研究通过最新的宇宙源同位素数据重建技术，结合宇宙源核素产生和沉积过程模拟，重建了过去 9000 年的太阳总辐射数据。结果表明，太阳活动具有千年尺度的周期变化特征，变化幅度为 1.5（1.4~2.1）$W/m^2$，并且 20 世纪下半叶的太阳活动处于过去 9000 年较强的范围内。尽管在更长的时间尺度上可能存在着更大幅度的太阳总辐射的变化，但在最近的 9000 年来没有迹象表明曾出现过更强的太阳辐射的波动。这与早前科学评估（IPCC AR5）的结论一致，即在过去 9000 年太阳总辐射波动幅度不超过 $1W/m^2$。而自蒙德极小期（1645~1715 年）以来，太阳活动极弱，多年代际到百年尺度上重建的太阳总辐射的变化幅度不超过 0.1%。1750~2011 年，由太阳辐照度变化造成的地球系统辐射强迫最优估计为

$0.05\sim0.10\text{W/m}^2$。1986~2008 年，太阳总辐射变化为$-0.04$（$-0.08\sim0.00$）$\text{W/m}^2$。

最新千年尺度的太阳总辐射和光谱太阳辐照度的估计是基于更新的辐射模型，结合过去 3 个世纪的经过修订的太阳黑子直接观测数据，以及在此之前的基于宇宙源同位素数据重建的太阳黑子数量记录。最新的重建数据支持过去的结论，表明过去千年时间尺度上平均的太阳总辐射变化微乎其微，在蒙德极小期（1645~1715 年）至 20 世纪下半叶的总太阳辐射增加了 $0.7\sim2.7\text{W/m}^2$，这意味着有效辐射强迫增加了 $0.09\sim0.35\text{W/m}^2$。20 世纪以来，对太阳总辐射变化的估计能力在不断提高，确认了太阳总辐射变化对全球气候强迫的贡献不超过 $0.1\text{W/m}^2$（图 2-3）。太阳活动周期内平均的总辐射在 1970 年前增加，之后开始减少。1986~2019 年，总辐射没有显著的变化。总的来说，太阳活动强度自 19 世纪后期以来一直处于高位，

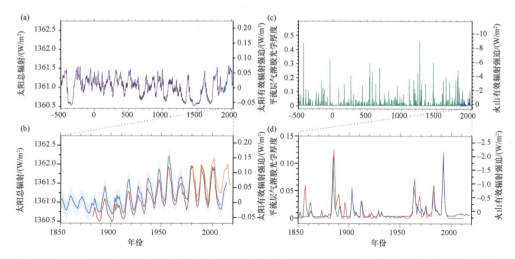

图 2-3 过去 2500 年[（a）、（c）]和自 1850 年以来[（b）、（d）]太阳和火山辐射强迫的时间序列

（a）基于 1850 年之前的放射性碳数据集（蓝色）重建用于 CMIP6（国际耦合模式比较计划第六阶段）/CMIP4（国际耦合模式比较计划第四阶段）中的太阳总辐射（TSI）（10 年滑动平均值）和按照 CMIP6 历史强迫成比例缩放的 1850 年之后太阳总辐射（紫色）。（b）CMIP6 历史强迫中基于太阳黑子数（蓝色）推测的太阳总辐射时间序列（6 个月的滑动平均值）及其与 CMIP5（国际耦合模式比较计划第五阶段）历史强迫推测的（红色）和基于太阳总辐射（橙色）合成更新至 CMIP6 强迫的结果比较。（c）以平流层气溶胶光学厚度（550 nm）重建的火山辐射强迫，定量估计涵盖公元前 500 年~公元 1900 年（绿色）时段和 1850~2015 年（蓝色）时段。（d）与 CMIP5（红色）相比，基于 CMIP6（v4）（蓝色）重建的平流层气溶胶光学厚度。需注意图（c）和（d）之间 $y$ 轴范围的变化，（a）、（c）中年份$-500$表示公元前 500 年

但是并没有超过过去 9000 年间的总辐射变动范围，与之相关的全球平均有效辐射强迫为–0.06～0.08W/m$^2$。

## 2.3　火山气溶胶

火山活动也是影响气候变化的主要外强迫因素之一。火山喷发时喷射出大量熔岩、碎石、火山灰及更细微的火山灰颗粒和大量气体。上述物质和大气中的水汽结合形成液体状硫酸盐滴，即火山气溶胶。当火山爆发十分强烈时，细小的火山灰和气溶胶可以到达 30～40km 的平流层，这些进入平流层的气溶胶往往可以存在 2～3 年，个别甚至可以存留 10 年以上，并逐渐传播到全球。这些气溶胶和火山灰强烈地反射太阳辐射和散射辐射，使地面接收的太阳辐射减弱，增加行星反照率，导致地球表面变冷，从而使其下层大气冷却。这种火山喷发的降温现象也称为阳伞效应。阳伞效应不仅存在于火山活动区域，还可能影响半球甚至全球气候。除直接的辐射效应外，平流层的火山气溶胶还可以引起很多反馈过程，如气溶胶的多重散射可导致臭氧的光解作用增强，使得臭氧总量下降，导致平流层上部变冷。此外，火山活动还可能间接影响全球和区域气候，如火山气溶胶可以影响云凝结核或者改变云的生命期和光学特性，产生间接的辐射强迫作用。

虽然火山喷发的气溶胶的寿命有限，火山活动对气候的影响往往只有几年，但是仍然有可能在短期内对半球尺度甚至全球尺度气候造成较为明显的影响。例如，1815 年印度尼西亚坦博拉火山喷发导致第二年北半球出现严寒情况，出现"无夏之年"，夏季甚至出现霜冻，导致粮食大幅减产。这次强烈的火山活动估计导致第二年全球平均温度降低超过 1℃。1991 年 6 月菲律宾皮纳图博火山喷发，导致全球降温持续 2～3 年，降温幅度达到 0.5℃。

由于火山喷发对气候的影响时间尺度较短，同时气候变化又受其他因素的影响，这些因素之间也相互影响。因此，完全分离出火山喷发对气候变化的影响就比较困难。尽管如此，很多学者的研究也揭示出一些规律。首先，较大的火山喷发对气候的影响可以持续几年，随后回到正常水平；其次，火山喷发的气候效应在南北半球不完全相同，北半球受到的影响更直接，而南半球往往在1~2年才能检测到这种影响；最后，火山喷发对夏季的气温影响更为明显。

在年际时间尺度上，火山气溶胶的辐射效应是气候系统变率的主要自然驱动因素，其影响通常在一次强烈火山喷发后的2~5年达到最强。古气候模拟比较计划第三阶段中火山气溶胶辐射强迫重建和IPCC AR5中的数据表明，火山气溶胶辐射强迫效应在一定的范围内波动，平均而言，年平均辐射强迫大于$1W/m^2$的事件，每隔35~40年发生一次。科学家根据格陵兰冰盖和南极冰盖硫酸盐记录方面的进展，改进了过去2500年的平流层气溶胶光学厚度的测年和完整性，并努力将数据记录回溯到了过去的一万年，尽管更长记录的回溯和重建不确定性更大；同时更好地区分了经由强火山爆发途径直接到达平流层的硫酸盐和那些通过对流层过程到达平流层的部分。古气候模拟比较计划第四阶段的火山重建数据将IPCC AR5中分析的时段又延长了1000年，并发现了多次先前错误纪年、被低估或未检测到的强爆发事件，特别是在公元1500之前的事件。连续大型火山喷发（负有效辐射强迫超过$-1W/m^2$）的周期从3年到130年不等，在过去2500年间平均每（43±7.5）年发生一次。最近一次这样的强喷发是1991年的皮纳图博火山爆发。大约每400年会发生一次百年内大规模喷发缺席的情况。冰川记录中硫酸盐的丰度与辐射强迫的转换关系的系统误差大约为60%。利用代用资料估计过去1500年间的喷发时间的误差为±2年（95%置信度间隔），进一步回溯到更长时间的喷发时间的误差为±4年。

950~1250年平均的平流层气溶胶光学厚度（0.012）比1450~1850年的平均值（0.017）略低，与1850~1900年的平均值（0.011）相近。这些时段内平均值差异的不确定性被很好地量化，但影响不大，因为数据的不确定性在整段记录中都是系统性存在的。在过去的100年平流层气溶胶光学厚度比过去2400年的平均值低14%，但仍在百年尺度的自然变率范围内。

平流层温度订正的火山辐射强迫与平流层气溶胶光学厚度的对应关系大致为每单位平流层光学厚度对应$-25W/m^2$。

总体而言，强烈的火山爆发可以在多年尺度上造成辐射强迫的变化。但对于平流层气溶胶光学厚度而言，其平均强度和变率及其造成的自1900年以来的火山气溶胶辐射强迫至少在过去 2500 年的记录中并不异常。由太阳活动和火山活动造成的辐射强迫所引起的全球温度变化幅度很小，自 1750 年来的幅度大致为 $-0.02$（$-0.06\sim0.02$）℃。

# 2.4　均匀混合温室气体

气候变化的人为驱动因子包括均匀混合温室气体（主要包括 $CO_2$、$CH_4$ 和 $N_2O$）、短寿命温室气体（主要为卤烃、臭氧、水汽）、人为气溶胶、人为土地利用变化导致的地表反照率变化。本节主要介绍均匀混合温室气体变化及其气候影响，短寿命温室气体和土地利用将分别在 2.5 节、2.6 节具体介绍。

较长寿命且可以在对流层内均匀混合的温室气体产生较大的正辐射强迫，即对全球变暖的贡献较大。所谓"长寿命"是指在大气中滞留时间长，通常持续数年以上。世界气象组织 2021 年 10 月发布的《温室气体公报》称，自 1990 年以来，长寿命温室气体导致气候变暖的辐射强迫效应总体上增加了 47%，而过去 10 年间二氧化碳对这一增长的贡献率占到 82%。在温室效应中，温室气体浓度增加，辐射强迫也会随之增加。

IPCC AR5 的科学评估显示，截至 2011 年，大气中的 $CO_2$、$CH_4$ 和 $N_2O$ 的混合比水平超过了过去 80 万年基于冰芯记录到的波动范围。过去百年尺度的温室气体增长的速度是过去 22000 年来前所未有的。2005～2011 年，大气中 $CO_2$、$CH_4$ 和 $N_2O$ 的含量持续增加，2011 年观测到的水平分别为 390.5ppm[①]、1803.2ppb[②]和 324.2ppb。2005～2011 年 $CO_2$ 和 $N_2O$ 的增加速度与 1996～2005 年相当，而 $CH_4$ 在 1999～2006 年保持基本恒定后，于 2007 年继续增加。

自 IPCC AR5 以来，时间跨度达到过去 80 万年的可用冰芯数量显著增加，且数据的时间分辨率也有所提高，过去 6 万年的数据提高尤为明显，有效提高了针对 20 世纪中期之前的温室气体浓度的定量估计。IPCC AR6 中，用过去 80 万年来

---

① 1ppm=$10^{-6}$。
② 1ppb=$10^{-9}$。

和有现代观测以来的大气 $CO_2$ 浓度与全球平均地表温度作比较，发现两者有同步变化的趋势。

$CO_2$ 作为大气中主要的长寿命温室气体，对气候变暖贡献最大。由于 $CO_2$ 是长寿命温室气体，所以常用它来与地表气温作比较。提取自末次冰消期及末次冰消期转换期（过去 18000～11000 年）的南极冰盖中的 $CO_2$ 记录，发现 $CO_2$ 百年尺度的振荡幅度不超过 9.6ppm。尽管这一变化速率比 1919～2019 年实际观测的变化速率小一个量级，但其提供了关于气候–生物化学反馈过程非线性相应的重要信息。多条 $CO_2$ 记录显示，公元 1～1850 年 $CO_2$ 的混合比水平为 274～285ppm，1750 年的混合比水平为（278.3±2.9）ppm，1850 年的水平为（285.5±2.1）ppm。就变化速率而言，$CO_2$ 在 970～1130 年增加了（5.0±0.8）ppm，之后在 1580～1700 年减少了（4.6±1.7）ppm。在 1750 年之前变化最大的时期为 1600 年左右，变化幅度大致为每 100 年变化–6.9～4.7ppm。自 1850 年以来的 170 年间，$CO_2$ 的增速比现有冰芯记录中覆盖到的过去 80 万年间任何一个 170 年时段中的增速都快。

1958 年以来，全球平均地表 $CO_2$ 混合比呈上升趋势（图 2-4），这反映了碳源和碳汇的失衡。20 世纪 60 年代以来，$CO_2$ 增长率总体上有所上升，且伴随着较大的年增长变率。例如，1997～1998 年和 2015～2016 年的强厄尔尼诺事件期间达到峰值（Bastos et al.，2013；Betts et al.，2016）。2000～2011 年，$CO_2$ 的平均增加量为 2.0 ppm/a（标准差为 0.3 ppm/a）；2011～2019 年，增长率为 2.4 ppm/a（标准差 0.5 ppm/a），这一数字高于自全球有观测记录以来的任何同样长度的时间段。全球观测网络一致表明，自 2011 年以来，全球平均年平均 $CO_2$ 增加了 5%，在 2019 年达到了（409.9±0.4）ppm。最新的观测数据显示，至 2022 年，$CO_2$ 的浓度已经达到（417.1±0.4）ppm（Forster et al.，2023）。

在过去的 11 万年间，北半球的 $CH_4$ 浓度要高于南半球，但二者在百年尺度到千年尺度上的变化是高度相关的。在冰期至间冰期的循环中，曾发生过幅度大致为 450ppb 的 $CH_4$ 浓度的变化。在千年尺度上，在格陵兰和其他地区最快的气候变化中也伴随着 $CH_4$ 的快速变化。在百年尺度上，全新世早期的 $CH_4$ 浓度和全新世末期至 1850 年之前时段的 $CH_4$ 浓度并没有显著差异。末次冰盛期（LGM）的 $CH_4$ 浓度为

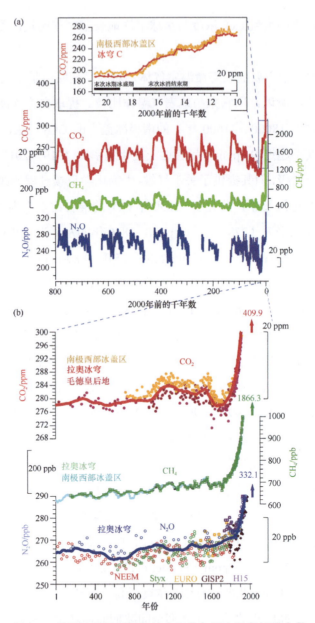

图 2-4　基于冰芯记录提取的大气均匀混合温室气体含量

（a）过去 80 万年的记录，其中从末次冰期冰盛期（LGM）到全新世转换期的记录以插图形式表示；（b）公元 1 年以后的多条高分辨率记录。（a）插图中的水平黑线从左到右分别表示 LGM 和末次冰消结束期。（b）中的红线、绿线和紫线分别为 100 年滑动平均的 $CO_2$、$CH_4$ 和 $N_2O$ 浓度，箭头指示的数字为 2019 年的实测值，NEEM 为冰芯代号，Styx、EURO、GISP2、H15 为不同国家发起的冰盖研究计划

（390.5±6.0）ppb。公元 1～1850 年全球平均的 $CH_4$ 浓度为 625～807ppb。公元 1～1750 年，$CH_4$ 的变化呈现上升的趋势，幅度大致为 0.5ppb/10a。在多年代际尺度上，工业化革命之前 $CH_4$ 的最快变化可以达到 30～50ppb。基于南极和格陵兰冰芯估算的全球平均 $CH_4$ 浓度在 1750 年为（729.2±9.4）ppb，在 1850 年达到（807.6±13.8）ppb。

2019 年 $CH_4$ 的全球平均表面混合比为（1866.3±3.3）ppb，与 2011 年相比，增长了 3.5%，基于多种观测网测算的增长幅度为 3.3%～3.9%（图 2-5）。在直接观测时段，$CH_4$ 的全球平均表面混合比增长率发生了显著变化；20 世纪 70 年代末至 90 年代末，$CH_4$ 的全球平均表面混合比增长率呈下降趋势；1999～2006 年，$CH_4$ 浓度变化很小；2006 年以后，又恢复了增长。大气 $CH_4$ 波动源于源和汇的复杂变化。2022 年最新观测得到的大气中 $CH_4$ 浓度为（1911.9±3.3）ppb（Forster et al.，2023）。

新的观测记录表明，$N_2O$ 浓度的变化与冰期–间冰期的转换有关。最快的变化发生在末次间冰期结束时，在 200 年的时间尺度内大致增长了 30ppb，比现代的 $N_2O$ 浓度变化速率低一个量级。在末次冰盛期期间，$N_2O$ 浓度为（208.5±7.7）ppb。在全新世时期的 6000～8000 年时段内，最低值为（257±6.6）ppb。新近从南极冰盖和格陵兰冰盖获取到的高分辨率冰芯记录显示，在过去的 2000 年内，几百年尺度的变化幅度为 5～10ppb。在公元 600 年左右曾出现过一个极小值，为（261±4）ppb。工业排放的 $N_2O$ 的增长起始于 1900 之前。多个冰芯记录显示 1750 年的 $N_2O$ 浓度水平为（270.1±6.0）ppb，而 1850 年的值为（272.1±5.7）ppb。

据估算，2011 年全球地表平均 $N_2O$ 浓度为（324.2±0.1）ppb；到 2019 年，这个数字增长了 2.4%，达到（332.1±0.4）ppb。独立观测网络在 $N_2O$ 全球平均混合比和相对变化方面一致性很高。1995～2011 年，$N_2O$ 的平均增长率为（0.79±0.05）ppb/a。近年来，增长率更高，2012～2019 年的增长率达到（0.96±0.05）ppb/a。2022 年 $N_2O$ 的最新水平达到（335.9±0.4）ppb（Forster et al.，2023）。

综上所述，在过去 45000 万年间，$CO_2$ 浓度已经出现了幅度至少为 2000ppm 的变化。如今 $CO_2$ 浓度与两百万年前的水平大致相当。此外，可以肯定的是，工业化之前的均匀混合温室气体含量低于当今水平，1850 年以来的均匀混合温室气

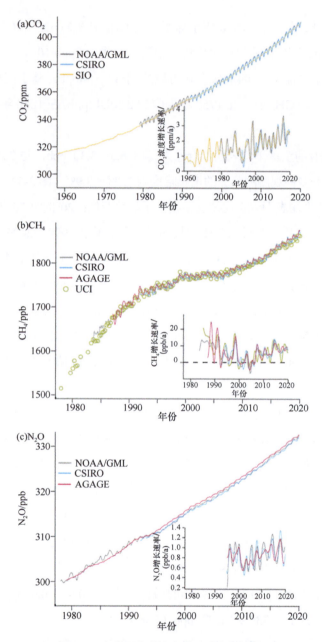

图 2-5    全球平均温室气体干空气摩尔数

（a）基于 SIO、CSIRO 和 NOAA/GML 的 $CO_2$ 序列；（b）来自 NOAA/GML、AGAGE、CSIRO 和 UCI 的 $CH_4$ 序列；（c）来自 NOAA/GML、AGAGE 和 CSIRO 的 $N_2O$ 序列。去除季节性周期后，以全球平均值的时间导数计算的增长率如插图所示

体增长率在过去至少 80 万年间的任意百年时间尺度上均是前所未有的。在过去 80 万年间的冰期–间冰期气候循环期间，$CO_2$ 的变动幅度为 50～100 ppm，$CH_4$ 为 210～430 ppb，$N_2O$ 为 60～90 ppb。1750～2019 年，$CO_2$、$CH_4$ 和 $N_2O$ 的混合比分别增加了（131.6±2.9）ppm（47%）、（1137±10）ppb（156%）和（62±6）ppb（23%）。2011 年以来，$CO_2$、$CH_4$ 和 $N_2O$ 的混合比进一步增加了 19 ppm、63 ppb 和 7.7 ppb，并分别在 2019 年达到（409.9±0.4）ppm、（1866.3±3.3）ppb 和（332.1±0.4）ppb 水平。2019 年，$CO_2$、$CH_4$ 和 $N_2O$ 的总有效辐射强迫（相对于 1750 年）为（2.9±0.5）$W/m^2$。

## 2.5  短寿命气候强迫因子

### 2.5.1  短寿命气候强迫因子组成及变化

短寿命气候强迫因子（SLCFs）不仅对气候产生影响，在大多数情况下其本身也是空气污染物，主要由气溶胶（硫酸盐、硝酸盐、铵盐、碳类气溶胶，以及沙尘和海盐）和化学反应性气体 $CH_4$、臭氧（$O_3$）、某些卤代化合物、氮氧化物（$NO_x$）、一氧化碳（CO）、非甲烷挥发性有机化合物（NMVOCs）、二氧化硫（$SO_2$）和氨气等组成。其中，$CH_4$ 和某些卤代化合物寿命约为 10 年或 10 年以上。而 SLCFs 在大气中存留的时间一般为几个小时到几个月不等，因此它们的浓度在空间上的分布是很不均匀的。SLCFs 要么本身具有辐射效应，要么通过化学反应影响有效辐射效应的化学物质的含量。SLCFs 对气候的影响主要发生在它们被排放出来或生成后的前 20 年。SLCFs 对气候有冷却或者增暖的作用，也能够对降水和其他气候变量产生影响。在 SLCFs 中，$CH_4$ 和某些卤代化合物被包括在《京都议定书》中，但其他物质并未包括在该气候条约中，主要原因是其他物质是在燃烧过程中与 $CO_2$ 共同排放的，会受到气候减缓措施的间接影响。

截至 2019 年，卤化气体的有效辐射强迫相较于 2011 年的水平增长了 3.5%，这反映了含氟氯烃（CFCs）在大气中含量的下降及其替代物含量的增长。但 2011 年后的卤化气体有效辐射强迫的增长幅度较 20 世纪 70 年代和 80 年代的速率慢了

7 倍。来自 CFCs、氢氯氟烃（HCFCs）、氢氟烃（HFCs）和其他卤化温室气体的有效辐射强迫在 2019 年达到的水平分别为 0.28 W/m², 0.06 W/m², 0.04 W/m² 和 0.03 W/m²，造成的总辐射强迫为（0.41±0.07）W/m²。

对于平流层 $O_3$，早前的科学评估报告指出，自 20 世纪 90 年代中期到 2011 年的水平基本恒定，比 1964～1980 年的参考时段低 3.5%。最新的评估报告显示，相较于 1964～1980 年，非极地（60°S～60°N）的平流层 $O_3$ 含量在 1980～1995 年下降了 2.5%，2000 年之后基本保持恒定，2014～2017 年的含量下降了 2.2%。大范围的 $O_3$ 消耗依然发生在春季的南极地区，尤其在偏冷年份，在北极地区也时有发生。对于对流层 $O_3$，基于稀疏的历史地表/低海拔观测显示，自 20 世纪中期以来其一直在增加，在北半球范围内增加幅度为 30%～70%（中等置信度）。自 20 世纪 90 年代中期以来，地表/低海拔 $O_3$ 在北半球中纬度地区的变化趋势不一，但热带地区为正（每 10 年增加 2%～17%）。自 20 世纪 90 年代中期以来，自由对流层 $O_3$ 在北半球中纬度地区每 10 年增加 2%～7%，在热带北部和南部有取样的地区增加速度为每 10 年 2%～12%。覆盖范围有限的地表观测无法确定南半球的 $O_3$ 变化趋势，在南半球中纬度地区对流层整层的 $O_3$ 增加每 10 年不超过 5%。

在 IPCC AR6 之前，基于已有的数据评估全球大范围的气溶胶光学厚度的趋势只有很低的信度，但欧洲和美国东部的气溶胶光学厚度很有可能自 1990 年后开始下降，而东亚和南亚的气溶胶光学厚度自 2000 年后上升明显。气溶胶–辐射相互作用造成的有效辐射强迫在 2011 年的水平（相较于 1750 年）为（–0.45±0.5）W/m²，而气溶胶–云相互作用造成的有效辐射强迫变化为 –0.45（–1.2～0.0）W/m²。气溶胶辐射强迫不确定性是所有自 1750 年以来的有效辐射强迫不确定性中最大的一部分。

冰芯资料可以用于估计中高纬度气溶胶沉积的数百年尺度的趋势，包括硫酸盐和黑碳气溶胶[图 2-6（a）、图 2-6（b）]。19 世纪末至 20 世纪 70 年代，欧洲大陆冰芯中的硫酸盐增加了 8 倍，20 世纪 40～70 年代，俄罗斯地区冰芯中的硫酸盐增加了 4 倍，北极（斯瓦尔巴特群岛）冰芯中的硫酸盐从 19 世纪末到 1950 年增加了 3 倍。在所有研究区域，硫酸盐浓度在达到峰值后下降了约 2 倍（欧洲和俄罗斯约为 1970 年，北极约为 1950 年）。20 世纪，在欧洲、俄罗斯、格陵兰岛

（主要来自北美的排放物）和北极（斯瓦尔巴特群岛）观察到黑碳气溶胶（BC）大幅增加。南美洲呈现出小的增加趋势（图 2-6）。而各种南极冰芯中的黑碳气溶胶浓度低于 1ng/g，没有明显的长期趋势。

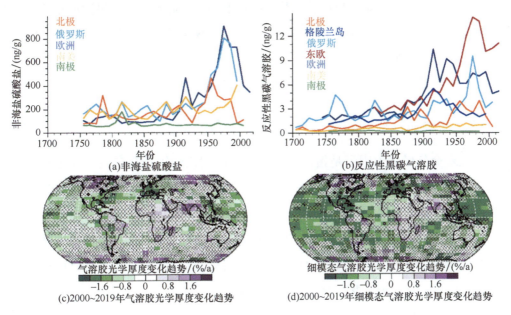

图 2-6　冰芯记录的大气中气溶胶含量的演变

图中显示 10 年平均时间序列[（a）、（b）]和遥感的气溶胶光学厚度（AOD）、精细颗粒物气溶胶光学厚度（AODf）[（c）、（d）]的趋势。（a）为非海盐硫酸盐的浓度值，基于最小二乘法估算，叠加的是 2000～2019 年 AERONET 地表太阳光度计网络的年平均 AOD 趋势；（d）与（c）所示相同，但为 AODf 的变化趋势，在陆地上仅使用 MISR 数据。（c）、（d）中有色块区域表示变化趋势显著，"×"表示变化趋势不显著

　　2000～2019 年，由 Aqua/Terra MISR 和 MODIS 卫星器测得的 AOD 的空间趋势每年为–2%～2%[图 2-6（c）]。东亚地区的气溶胶光学厚度趋势在 2010 年左右发生了反转，由 2000～2010 年的增加趋势变为自 2010 年以来的减少趋势。然而，在南亚基于卫星（MODIS/MISR）和地面观测网（AERONET）得到的光学厚度持续增长。

　　人类活动排放的气溶胶主要为半径小于 1μm 的细小颗粒物[图 2-6（d）]。其在 2000～2019 年欧洲和北美洲地区显著下降，每年减少超过 1.5%。然而，在南亚

和东非每年显著增长达到 1.5%。这部分气溶胶的光学厚度在全球范围呈现显著下降趋势，为–0.03%/a。

综上所述，1700 年至 20 世纪最后 25 年，受北部中纬度排放物影响的冰芯采样显示，大气气溶胶呈现出增长趋势，并在此后呈下降趋势。卫星数据和地面观测记录表明，2000 年以来，北半球中纬度和南半球大陆区域的气溶胶光学厚度主要呈减少趋势，但南亚和东非呈上升趋势。因此，从全球总体来讲，大气中的气溶胶含量是减少的，这意味着正的有效辐射强迫的增长。

### 2.5.2　短寿命气候强迫因子气候效应及环境风险

短寿命气候强迫因子是指在大气中存留时间比较短且存在温室效应的污染物。除产生温室效应外，它们对空气质量、人群健康和农作物产量也存在负面影响。短寿命气候强迫因子的排放，特别是 $CH_4$、$NO_x$ 和 $SO_2$ 的排放，对有效辐射强迫产生了重要影响。对于 $CH_4$，基于排放计算的有效辐射强迫是基于浓度计算的有效辐射强迫的 2 倍。因为 $CH_4$ 也是对流层臭氧的前体物，因此控制 $CH_4$ 是改善空气质量和减缓全球变暖双赢的减排措施。

1750～2019 年，各种化学物质排放变化产生的有效辐射强迫（ERF）及对全球地表平均气温（GSAT）的影响如图 2-7 所示。在全球范围内，$NO_x$ 排放产生的总 ERF 为负，而 NMVOCs 排放产生的总 ERF 为正。对于 $CH_4$，基于排放计算的 ERF 是基于浓度计算的 ERF 的 2 倍。$SO_2$ 的排放对与气溶胶–云相互作用相关的 ERF 有着决定性贡献。排放的化学物质对 GSAT 的贡献基本取决于它们对 ERF 的贡献。然而，气候系统的惯性，延迟了 GSAT 对强迫变化的全部响应，使 $SO_2$ 排放对 GSAT 变化的贡献比 $CO_2$ 排放对 GSAT 变化的贡献略高（相比它们对 ERF 的相对贡献），这是 $SO_2$ 排放导致的 ERF 的峰值已经出现。

20 世纪 70 年代中期以来，气溶胶及其前体物排放的趋势已经导致全球平均 ERF 的负强迫值从增加变为减少。然而，发生转变的时间在不同区域是不相同的，并且在某些更精细的区域尺度上并未发生这样的转变。根据 1850～2014 年资料，气溶胶 ERF 的时空分布是高度不均匀的，在北半球尤其显著。

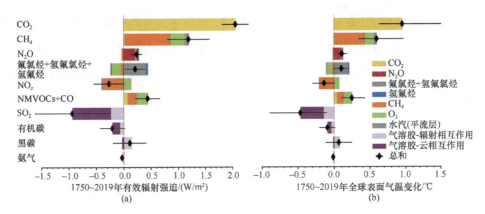

图 2-7　1750～2019 年各种化学物质排放变化产生的有效辐射强迫（a）和全球表面气温变化（b）
（Szopa et al.，2021）

在历史时期内，气溶胶及其 ERF 的变化主要导致地表温度降低，从而部分抵消人为排放温室气体所引起的变暖。气溶胶辐射强迫不仅导致本地温度变化，也会导致遥远地区的温度响应。地表温度响应保留了 ERF 的南北梯度，即具有半球不对称性。温度响应沿纬圈较为均匀，但是在北极的温度响应会强烈放大。

对于寿命相对较短（如数月）的 SLCFs，一旦排放的变化是持续的，地表温度响应会很快出现，并且由于气候系统的热力惯性，响应会持续增长几年。当温度响应接近最大值时，响应的速度会变慢，但是仍需要几个世纪的时间才能达到平衡。对于寿命相对较长（如 10 年）的 SLCFs，除了热惯性导致的响应延迟，温度响应时间还需要加上其生命周期。

活性氮、$O_3$ 和气溶胶会通过沉降和其对辐射的影响而对陆地植被和碳循环产生影响。但是，由于难以区分各种影响之间复杂的相互作用，它们对陆地碳汇、生态系统生产力和间接的 $CO_2$ 强迫的影响量级仍不确定。因此，与 $CO_2$ 的直接强迫相比，这些影响被评估为小一个量级，但是与 $O_3$ 的直接强迫相比，$O_3$ 对陆地植被的影响可能会大量增加 $O_3$ 的正强迫。

考虑到自然过程或大气化学反应的变化，SLCFs 排放、含量或寿命的变化所引起的反馈被评估为总体上具有冷却效应，即存在负反馈，反馈参数为-0.20（-0.41～0.01）W/（$m^2 \cdot ℃$）。这些非 $CO_2$ 生物地球化学反馈是地球系统模式（ESMs）

估算的，IPCC AR5 以来 ESMs 也在不断发展，实现了对生物地球化学循环和大气化学的统一表达。然而，对 SLCFs 化学或生物地球化学循环的许多过程层面（特别是自然排放）更深入的认识才刚开始，大多数 SLCFs 气候反馈的大小和正负信度并不高。

## 2.6　土地利用和其他因子

人类活动对全球大部分地区的陆地表面的改造和管理起始于全新世。基于孢粉数据重建的序列表明，在全新世中期之前，全球无冰覆盖的陆表绝大部分面积都被自然植被所覆盖。基于孢粉和考古数据重建的历史观测数据，人们发现在某些区域尺度上的森林砍伐至少起始于 6000 年前。从全球尺度上看，19 世纪中期之前的全球土地利用变化很小，之后开始显著提速，但在工业化革命之前土地利用改变造成的气候强迫不确定性较大。从 20 世纪 80 年代早期开始，大于 60% 的土地覆盖的变化直接由人类活动造成，土地利用和管理的区域特征和差异明显，包括热带地区的毁林、温带地区的植树造林、农田和城市的扩张。直到目前，全球无冰覆盖的陆地中大约 3/4 的面积经历了人类活动的改造和使用，尤其是农业和森林管理方面。

历史时期的土地利用改变对全球气候的影响评估主要通过在数值模拟中考虑气候和生物物理过程（如地表反照率、蒸散发、粗糙度等）或生物地球化学过程（如毁林导致的碳排放增加等大气成分的改变）来实现。生物物理过程对土地利用改变的响应主要是反照率的改变，其在 19 世纪中期之前缓慢增加，之后至 20 世纪中期迅速增加，继而增速稍稍放缓。早前的科学评估数据显示，土地利用的改变对地表反照率的影响导致的辐射强迫幅度为（$-0.15 \pm 0.10$）W/m$^2$。这一结论不断被后续的研究所证实，如 IPCC AR6 土地利用特别报告。新的科学研究表明，土地利用的生物物理过程导致的辐射强迫的变化位于早前估计范围的下限。举例来说，基于 13 个 CMIP6 模式的历史模拟，Smith 等（2020）估计，自 1850 年以来，地表反照率的改变导致有效辐射强迫变化了 $-0.08$（$-0.22 \sim 0.06$）W/m$^2$。

基于 13 个 CMIP5 模式的历史模拟，Lejeune 等（2020）估计，自 1860 年以来，树木、农作物和草地的变化导致的辐射强迫为–0.11（–0.16～0.04）W/m²。在土地利用特别报告中，利用更大样本的模式模拟，估计与土地利用相关的生物物理过程（主要是反照率增加和地表湍流热通量的减少）导致全球地表净冷却效应为（0.10±0.14）℃。而对于生物地球化学过程（主要是温室气体排放），可能会导致全球年平均地表增暖。Ward 等（2014）量化了生物地球化学过程和生物物理过程对辐射强迫的净效应，为（0.9±0.5）W/m²（自 1850 年）。历史模拟显示，二者共同造成这样的辐射强迫的变化可能导致在过去 200 年间全球地表的小幅增暖，幅度为（0.078±0.093）℃，其中增暖的最大贡献可能来自全新世时期。

简而言之，与土地利用改变有关的生物物理过程会造成负的有效辐射强迫。1700 年以来，这一有效辐射强迫的最优估计为–0.15 W/m²，自 1850 年以来为–0.12 W/m²，这导致自 1750 年以来全球地表冷却大约 0.1℃。

此外，宇宙射线通过辐射强迫对气候变化产生的影响可以忽略不计。一些研究认为，太空中的宇宙射线进入地球大气可以改变对流层大气中的新粒子生成，并促进云凝结核（CCN）的形成，进而直接影响云的形成，而云特性改变又会对地球气候产生影响。但最新的研究认为，宇宙射线增强通过新粒子形成进而引起的 CCN 的效应很弱，且其对云的影响缺乏可靠的证据。

# 参 考 文 献

廖宏, 谢佩芙. 2021. IPCC AR6 报告解读: 短寿命气候强迫因子的气候及环境效应. 气候变化研究进展, 17(6): 685-690.

张华, 王菲, 赵树云, 等. 2021. IPCC AR6 报告解读: 地球能量收支、气候反馈和气候敏感度. 气候变化研究进展, 17(6): 691-698.

Bastos A, Running S W, Gouveia C, et al. 2013. The global NPP dependence on ENSO: La Niña and the extraordinary year of 2011. Journal of Geophysical Research: Biogeosciences, 118(3): 1247-1255.

Betts R A, Jones C D, Knight J R, et al. 2016. El Niño and a record $CO_2$ rise. Nature Climate Change, 6: 806-810.

Cherian R, Quaas J. 2020. Trends in AOD, clouds, and cloud radiative effects in satellite data and CMIP5 and CMIP6 model simulations over aerosol source regions. Geophysical Research Letters, 47(9): e2020GL087132.

Forster P M, Smith C J, Walsh T, et al. 2023. Indicators of global climate change 2022: Annual update of large-scale indicators of the state of the climate system and human influence. Earth System Science Data, 15(6): 2295-2327.

Forster P, Storelvmo T, Armour K, et al. 2021. The earth's energy budget, climate feedbacks, and climate sensitivity//Masson-Delmotte V, Zhai P, Pirani A, et al. Climate Change 2021: The Physical Science Basis. Contribution of Working Group I to the Sixth Assessment Report of the Intergovernmental Panel on Climate Change. Cambridge, United Kingdom and New York, NY, USA: Cambridge University Press: 923-1054.

Gulev S K, Thorne P W, Ahn J, et al. 2021. changing state of the climate system//Masson-Delmotte V, Zhai P, Pirani A, et al. Climate Change 2021: The Physical Science Basis. Contribution of Working Group I to the Sixth Assessment Report of the Intergovernmental Panel on Climate Change. Cambridge, United Kingdom and New York, NY, USA: Cambridge University Press: 287-422.

Lejeune Q, Davin E L, Duveiller G, et al. 2020. Biases in the albedo sensitivity to deforestation in CMIP5 models and their impacts on the associated historical radiative forcing. Earth System Dynamics, 11(4): 1209-1232.

Lockwood M, Ball W T. 2020. Placing limits on long-term variations in quiet-Sun irradiance and their contribution to total solar irradiance and solar radiative forcing of climate. Proceedings of the Royal Society A: Mathematical, Physical and Engineering Sciences, 476(2238): 20200077.

Rubino M, Etheridge D M, Thornton D P, et al. 2019. Revised records of atmospheric trace gases $CO_2$, $CH_4$, $N_2O$, and $\delta^{13}C$-$CO_2$ over the last 2000 years from Law Dome, Antarctica. Earth System Science Data, 11(2): 473-492.

Smith C, Kramer R, Myhre G, et al. 2020. Effective radiative forcing and adjustments in CMIP6 models. Atmospheric Chemistry and Physics, 20(16): 9591-9618.

Szopa S, Naik V, Adhikary B, et al. 2021. Short-lived climate forcers//Masson-Delmotte V, Zhai P, Pirani A, et al. Climate Change 2021: The Physical Science Basis. Contribution of Working Group I to the Sixth Assessment Report of the Intergovernmental Panel on Climate Change. Cambridge, United Kingdom and New York, NY, USA: Cambridge University Press: 817-922.

Ward D S, Mahowald N M, Kloster S. 2014. Potential climate forcing of land use and land cover change. Atmospheric Chemistry and Physics, 14(23): 12701-12724.

# 第 3 章

# 大气圈变化

    大气圈是地球周围的气体层，它主要由氮气（$N_2$）、氧气（$O_2$）和少量其他气体组成。大气圈由低到高可以划分为 5 个层次，分别为对流层、平流层、中间层、热层和散逸层。大气圈对地球生物和气候系统起着至关重要的作用。大气圈通过对太阳辐射的吸收和反射、与水圈的相互作用（如水循环）、大气环流等过程，调节地球的气候，同时也能够保护地球免受宇宙射线和流星的侵袭。在人类活动影响下，大气圈发生了广泛而迅速的变化，包括温度变化、降水变化、湿度变化、云的变化、大气环流变化等。本章将重点介绍上述大气圈主要要素在观测中的变化特征。

## 3.1 地表温度

### 3.1.1 全球平均地表温度

    联合国政府间气候变化专门委员会（IPCC）第五次评估报告（AR5）、2018 年 IPCC 发布的《全球升温 1.5℃特别报告》（SR15）及 2019 年发布的《气候变化与土地特别报告》（SRCCL）等相继指出了 19 世纪后期全球变暖这一毋庸置疑的事实，并更新了报告发布前期临近时段对应的升温幅度。

基于最新的多源观测数据以及对观测认识的加深，最新的 IPCC 第六次评估报告（AR6）指出，相比 1850～1900 年，全球平均地表温度（GMST）在 1995～2014 年和 2011～2020 年这两段时期分别升高了 0.85（0.69～0.95）℃和 1.09（0.95～1.20）℃。有中等信度表明，过去 50 年观测到的 GMST 的升高速度至少在过去 2000 年历史上是前所未有的。GMST 自全新世中期（大约 6500 年前）以来是缓慢下降的，直到 19 世纪中叶 GMST 开始呈现上升趋势[图 3-1（a）]。

不管是对近百年（1900～2020 年）还是对近 40 年（1980～2020 年）资料统计，由于海洋的热容量大于陆地，陆地增温速度大于海洋，北半球热带外的大多数陆地区域变暖速度快于 GMST 平均值[图 3-1（b）]。由于反照率变化、缺少对流、水汽反馈等原因，高纬度地区的增暖幅度大于中低纬度地区，冬半年增暖幅度大于夏半年。在全球范围内，过去 40 年中连续的每一个 10 年均是器测时期以来最暖的[图 3-1（c）]。2015～2020 年这 6 年中，每一年都很可能比 1850～1900 年的平均温度至少高出 0.9℃。这种全球变暖是非线性的，大多数变暖发生在两个阶段：1900～1940 年和 1970 年左右开始。两个全球平均变暖时期展现出明显不同的空间特征，20 世纪早期变暖大部分发生在北半球中高纬度，而近期的变暖更多是全球性的变暖。

值得注意的是，IPCC AR5 及许多研究中均关注到 1998～2012 年观测到的变暖趋势小于 1951～2012 年，特别是在北半球冬季。1998～2012 年 IPCC AR5 中使用的 3 个数据集的变暖平均值是 0.05（–0.05～0.15）℃/10a，均显示没有显著变化趋势。针对这一现象，许多学者指出，在较短的序列中，有较为明显的自相关变率存在，并且在类似长度的时段内观测和模拟都不能表现出变暖的信号，所以对较短序列的趋势分析存在局限性。因此，受自然变率的影响，基于短期趋势的估计对数据起始和终止时间的选取非常敏感，通常不能反映长期气候趋势。

自 IPCC AR5 以来，大多数 GMST 观测数据集都有版本更新并且陆续发布了新的数据集。与 IPCC AR5 中关于 1998～2012 年全球平均温度变化趋势的评估结论相比，现在可用的所有更新的温度观测产品均一致显示了更强的正趋势。基于这些更新的观测到的 GMST 数据集及强迫驱动、改进的分析手段及新的模式模拟

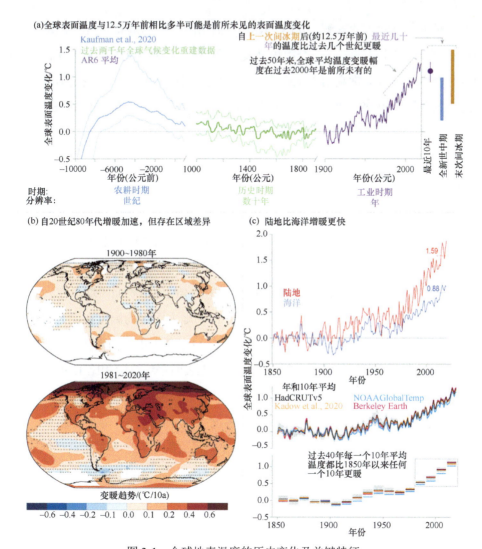

**图 3-1　全球地表温度的历史变化及关键特征**

（a）全新世三个时间尺度的 GMST：①公元前 10000 年～前 1000 年的时间步长为 100 年，②公元 1000～1900 年为 10 年平滑，③公元 1900～2020 年数据源自图（c），图中粗线为多方法重建的中位数，而细线为集合成员的第 5 个和第 95 个百分位数。紫色的圆点和竖线是过去 10 年 GMST 的评估值和可能范围，蓝色和暗黄色竖条是评估的全新世中期和末次间冰期 GMST 的中等置信范围。（b）HadCRUTv5 数据体现的在 1900～1980 年（上图）和 1981～2020 年（下图）变暖趋势的空间分布，有色块区域表示变化趋势显著，"×"标记表示变化趋势不显著。（c）1850～2020 年仪器观测数据显示的温度变化，包括陆地（蓝线）和海洋（红线）区域多套数据产品的平均温度逐年变化序列（数值展示了最近 10 年的增暖）（上图），以及多套 GMST 数据集（中间图）逐年及每 10 年的平均值（下图），中间图和下图中的灰色显示的是与 HadCRUTv5 估计值相关的不确定性，所有温度均是相对于 1850～1900 年这一参考时段的异常值

证据和对机理更深入的理解，IPCC AR6 评估指出，有非常高的信度认为 1998～2012 年全球变暖的减缓是一个由内部变率和自然变率部分抵消人为变暖而形成的暂时性事件，有非常高信度的证据表明升温减缓仅在大气和地表是显著的，全球海洋热含量在 1998～2012 年就在持续增加。考虑到所有不确定性的来源，IPCC AR6 指出 21 世纪初全球升温减缓不可能由单一因素造成。

### 3.1.2  陆地表面气温

IPCC AR5 指出，全球平均陆地表面气温从 19 世纪后期以来逐渐升高，其升高趋势在 1880～2012 年为 0.086～0.095℃/10a；并且自 20 世纪 70 年代以来这种变暖非常显著，增暖趋势在 1979～2012 年达到 0.254～0.273℃/10a。

2019 年，IPCC 在 SRCCL 指出，2006～2015 年的地球表面平均温度与 1850～1900 年相比升高了 0.87℃（0.75～0.99℃），而陆地表面平均温度在同时间段内上升了约 1.53℃（1.38～1.68℃）（图 3-2）。IPCC AR6 基于更新的观测数据集以及对观测更深入的认识，发现 2011～2020 年全球陆地表面平均温度相比 1850～1900 年已经升高了 1.59℃（1.34～1.83℃）。也就是说，自工业革命以来，全球陆地表面平均温度的上升速率远高于全球平均地表温度（陆地和海洋）的上升速率。IPCC SRCCL 评估的 2006～2015 年全球陆地表面平均温度的上升速率是全球平均地表温度上升速率的近 2 倍，而 IPCC AR6 评估的 2011～2020 年时段则是近 1.5 倍。

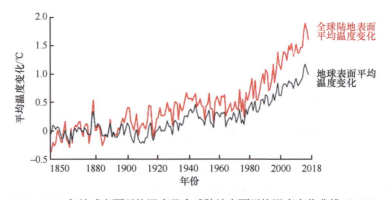

图 3-2  1850～2018 年地球表面平均温度及全球陆地表面平均温度变化曲线（IPCC，2019）

对于一些区域性的平均地表气温变化的研究，如针对中国、美国、欧洲、印度等不同的国家和地区有很多不同的研究手段和方法，但得到的结论往往同全球陆地表面气温变化趋势是一致的。

在陆地上，城市化和土地利用/土地覆盖变化（land-use and land-cover change，LUCC）通过改变地表特性来影响热量、水和气流的储存和传输。城市热岛效应（UHI effect），是指城市因大量的人为热释放、建筑物和道路等高蓄热体及绿地减少等因素，造成城市"高温化"。IPCC AR4 中将城市热岛效应归结为一种局地现象，并受当地气象条件的影响，其对大区域的温度变化的影响微不足道。而 IPCC AR5 指出城市热岛和土地利用虽然影响局地原始温度观测数据，但到底对全球数据产品有多大程度影响存在争议。通过对城市与农村温度变化的对比分析得到具有确凿证据和高度一致性的结论是：城市热岛效应和土地利用/土地覆盖变化对全球陆面平均气温百年变化趋势的影响不可能超过 10%。IPCC AR6 评估中并没有获得新证据可以改变这一结论，尽管在有些特定区域发现了更大的影响信号。

### 3.1.3　海洋表面温度

IPCC AR5 指出，可以肯定的是，从 20 世纪初期起，全球平均海洋表面温度（SST）已经升高，其升高趋势在 1901～2012 年为 0.052～0.071℃/10a，不同数据集得到的结果存在一定的差异。IPCC AR4 以后，元数据和完整数据的实用性进一步提高，并且发布了许多新的全球 SST 数据。这些技术上的革新更有利于我们认识 20 世纪中期以来 SST 的变化特征，并且更加肯定全球 SST 自 20 世纪 50 年代和 19 世纪以来已经升高的结论。IPCC AR6 基于更新的观测数据评估指出，全球海洋平均温度在 2011～2020 年相比 1850～1900 年已经升高了 0.88℃（0.68～1.01℃）[图 3-1（c）]。

### 3.1.4　中国的温度变化

近百年来，全球气候变暖已是不争的事实。中国近地面气温也存在明显上升趋势，并且其变化趋势大于同期全球气温变化水平。我国科学家在中国百年序列研究方面的成果较多，但由于在基准气候数据分析方面的瓶颈，近百年中国气温变化序列及变暖长期趋势的估计长期存在较大分歧。近年来，我国发展了一系列均一化的中国长期逐月气温序列集（李庆祥等，2010；Cao et al.，2017；Li et al.，2017），提高了中国区域气温变化序列研究精度。李庆祥等（2010）系统地对中国200 余个台站气温序列进行了均一性研究，利用周边国家的站点序列对中国西部地区的数据进行了抽样纠偏并建立了新的序列；Wang 等（2014）基于该数据集，发展了最优无偏的统计方法，构建了新的全国气温变化序列，二者显示出高度的一致性，即 20 世纪 10～40 年代异常偏暖得以部分订正，但 40 年代仍是 50 年代之前的最暖期；Li 等（2017）进一步对全国近百年的均一化气温数据集进行了更新和完善，并分别建立了中国东部、西部气温序列和全国序列；Cao 等（2017）分别选取了中国东部、西部若干个长序列台站气温序列进行了统计插补及均一化调整，形成一套新的数据集，并基于这些站点距平序列的算术平均建立百年尺度中国气温序列，相比前者，其 20 世纪前期的气温距平进一步变低。

20 世纪以来，中国区域气温变化呈现波动上升趋势，20 世纪初到 40 年代为缓慢升温趋势，1946 年达到 50 年代以前的最高值；50～70 年代增温速度明显放缓，此后进入快速增暖阶段；1998 年后从增暖趋势上看明显回落，但此后近 20 年一直处于明显偏暖距平。具体而言，中国北方地区气温增暖速度明显高于南方地区（秦大河，2012），中国东部地区气温变化类似于全国变化特征，西部地区气温自20 世纪 30 年代以来也与东部地区变化较为一致，只是在个别年份略有差异（Li et al.，2017）。一些专家对我国青藏高原气温变化趋势随高度变化进行了研究，但结论仍然存在一定的差异。由于城市站点选取的指标差异和数据等原因，城市化贡献检测存在一定的不确定性（储鹏等，2016；Li et al.，2013）。虽然一些大城市（如北京、哈尔滨、上海、广州、香港）气温变化趋势明显高于区域或全国平均气温，但总体来看，城市化发展对中国区域气温增暖贡献较小（Zhao et al.，2014；Wang et al.，2015），与之相对应的是，近期一些研究发现，城市化对某些区域的极端温度变化的影响程度可以达到相当比重。

由于 20 世纪 50 年代之前的数据差异，最近不同研究者所得的近百年中国增暖趋势仍然有所不同。基于近期一些研究成果，近百年中国气温长期趋势介于 0.09～1.21℃/100a（图 3-3）；而 Zhao 等（2014）、Cao 等（2017）利用插补和均一化的站点序列，计算得出全国气温的变化趋势略高，分别达到 1.52℃/100a 和 1.65℃/100a。根据中国多条气温序列，最新的评估结果表明，1900～2018 年，中国气温的升高趋势在 1.3～1.7℃/100a（Yan et al.，2020）。

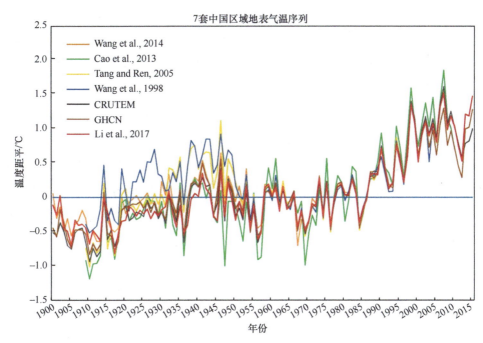

图 3-3　1900～2015 年中国气温变化序列[基准期为 1961～1990 年，根据 Li 等（2017）改绘]

## 3.2　高层大气温度

几乎可以肯定的是，20 世纪中期以来全球对流层温度已经升高，这种变化与地表温度的变化高度相关；平流层低层温度已经降低，但伴随着火山活动也存在偶发性的短期增暖现象。对北半球热带外地区大气层温度变化率及其垂直结构评估的可信度为中等，而在其他地方则可信度较低，特别是对热带上层温度趋势的垂直结构评估结论的可信度较低。尽管变化趋势表现出一致性，但温度变化速率在不同区域却表现出较大的差异。

全球无线电探空记录可以追溯到 1958 年用上升的气球探测不同压强层级下的温度。1978 年起卫星可以通过微波探测装置（microwave sounding unit，MSU），以及 1998 年第二代先进微波探测装置（advanced microwave sounding unit，AMSU）监测对流层和平流层低层温度趋势。测量到的向上的长波辐射量可以反映大气温度。自 IPCC AR4 以来，卫星对平流层低层以上区域的测量再次得到关注，基于无线电探空记录和卫星遥感资料，生成了很多新的数据集，这些新的产品显示出比之前的产品更强的对流层变暖，以及更弱的平流层变冷。全球的无线电探空记录都显示，1958 年后对流层变暖、平流层变冷，但是随着高度升高，不确定性更大。

基于无线电探测、再分析和卫星观测数据，IPCC AR6 指出，自 20 世纪中叶以来，对流层已经变暖。2001 年以来，热带对流层上层温度的升温速度比地表温度更快的可信度为中等，但对 2001 年之前变化的评估可信度较低。几乎可以肯定的是，自 20 世纪中叶以来平流层低层温度已经降低。然而，大多数数据集显示，自 20 世纪 90 年代中期以来，平流层低层的温度已经稳定，在过去 20 年中没有显著变化。而自 1980 年以来，平流层中层和高层温度可能有所下降，但对其变化幅度评估的可信度较低（图 3-4）。

与全球和中国地表气温增暖趋势一致，1961 年以来中国高空对流层气温亦呈显著上升趋势，但不同来源气温资料在趋势变化幅度上仍具有一定差别。高空气温资料主要来自探空和卫星观测与再分析模式产品，三者应用于气候变化研究时各具优点和不足。探空观测气温始于 20 世纪 50 年代，具有历史序列长和垂直层次多的优点，但在海洋、极地和高原等特殊地区测站较少。卫星观测高空气温始于 20 世纪 70 年代后期，优点是具有全球覆盖性，但时间序列较短且垂直分辨率低。探空和卫星观测高空气温的历史序列均存在由观测系统、仪器和方法变化导致的非均一性问题，应用于气候变化研究时必须进行均一化处理。再分析资料兼具探空时间序列长和卫星空间覆盖全的优点，但其为模式产品，并非独立资料源，应用于气候变化研究时需评估其描述大气真实状态的准确程度。中国高空温度变化

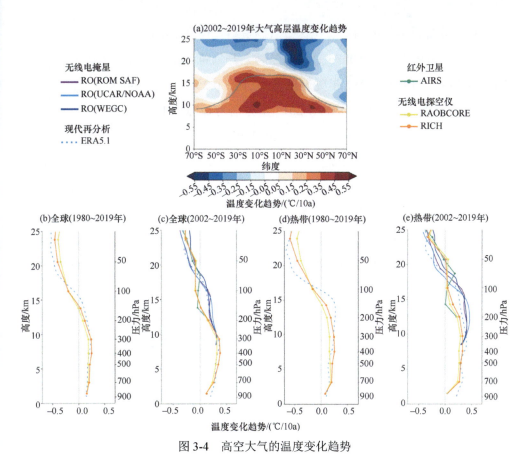

图 3-4 高空大气的温度变化趋势

(a) 2002～2019 年对流层上层和平流层下层区域温度异常趋势（2007～2016 年为基准时段）的纬向横截面，气候态对流层顶高度标记为灰线；（b）和（c）分别为 1980～2019 年和 2002～2019 年近全球（70°N～70°S）区域不同高度大气的温度变化趋势；（d）、（e）与（b）、（c）相同，但针对热带（20°N～20°S）地区

研究多基于均一化探空气温，并结合卫星和再分析资料开展不确定性分析。翟盘茂（1997）最早指出中国探空气温序列中非均一性问题，Guo 等（2008）、Guo 和 Ding（2009，2011）基于较早版本的均一化资料得到 1958～2005 年中国平均 850～500hPa 气温趋于上升、400～100hPa 气温趋于下降。2013 年国家气象信息中心发布中国高空月平均温度均一化数据集，对 21 世纪初中国探空系统升级和仪器换型导致的非均一性问题进行较大幅度订正。订正后中国平均对流层中上层气温上升趋势明显增强，平流层下层气温下降趋势明显减弱。

　　基于最新版本的中国均一化探空气温资料，得到 1958～2017 年中国平均探空气温在对流层 850～150hPa 总体呈显著上升趋势（0.03～0.15℃/10a），1979～2017 年趋势较 1958～2017 年更为显著（0.10～0.25℃/10a），300hPa 升温幅度最为显著（1958～2017 年和 1979～2017 年分别为 0.15℃/10a、0.25℃/10a），其次是 850hPa（1958～2017 年和 1979～2017 年分别为 0.14℃/10a、0.25℃/10a）。1958～2017 年中国平均平流层下层（100hPa）呈下降趋势（–0.18℃/10a）；1979～2018 年下降趋势则有所减弱（–0.13℃/10a）。各季节相比冬季对流层升温趋势较为显著，夏季平流层下层降温较为显著。1979～2017 年各季节对流层气温上升趋势均较 1958～2017 年明显增强。中国北方和高原地区对流层中低层（850～500hPa）升温较东南大部地区显著，长江以南大部地区对流层上层 300hPa 升温较其余地区显著。

　　对比中国均一化探空观测与三套卫星微波（RSS、UAH 和 STAR）和多套再分析（ERA-Interim、JRA55、MERRA、CFSR、NCEP 和 20CR 等）高空气温，得到 1979～2018 年中国平均对流层气温均呈显著上升趋势、平流层下层气温均呈显著下降趋势的结论（图 3-5），其变化趋势幅度的差异与探空和卫星气温序列中残余的非均一性问题和不同再分析模式及同化方法的差异有关，未来仍需开展不同来源高空气温资料的相互验证。

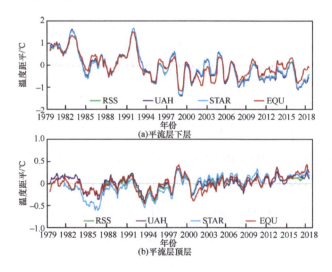

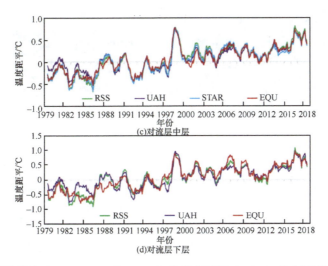

图 3-5 基于卫星微波（RSS、UAH 和 STAR）和探空观测（EQU）的中国区域不同厚度层气温 1979～2018 年逐月距平

## 3.3 降 水

### 3.3.1 全球

由于降水的局地性很强及观测资料的限制等，评估得到的降水变化趋势的信度低于温度变化趋势的信度。IPCC AR5 得出的结论是，1950 年之前全球陆地区域的平均降水变化可信度较低，1950 年以后时段的置信度为中等，没有显著的全球趋势。在数据采样良好的北半球中纬度地区，降水可能总体是增加的，1951 年之后为高信度。

不同纬度带降水的变化各有特点。多套数据的分析都表明，北半球中纬度地区（30°N～60°N）的降水在 1901～2008 年呈现显著增加趋势（图 3-6）。21 世纪以来，热带地区（30°S～30°N）降水呈现出增加趋势。北半球高纬度地区，在 1951～2008 年降水呈现增加趋势，但并不显著，且趋势估计的不确定性很大。所有的数据集都表明，在南半球中纬度地区（30°S～60°S），降水在 2000 年左右存在突变点，之后降水变少。上述的结论与 1979 年以来卫星观测的结果和地面雨量筒观测的结果基本一致。

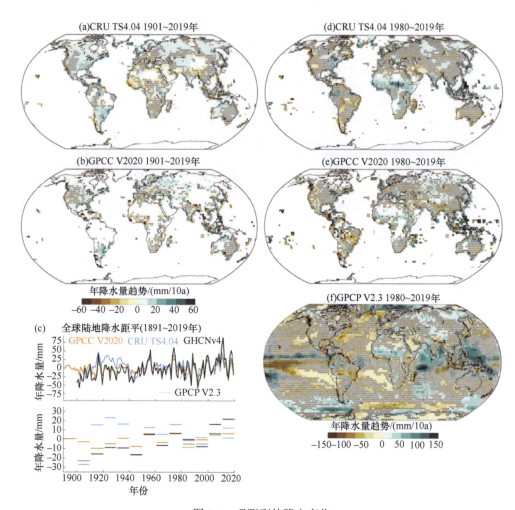

**图 3-6 观测到的降水变化**

（a）、（b）两种全球站点数据产品在 1901～2019 年观测到的陆地降水趋势的空间变率，趋势为使用最小二乘法回归计算所得；（c）1891～2019 年的年际时间序列和年代际均值，相对于 1981～2010 年的气候态（请注意，不同的数据产品开始时间不同）；（d）、（e）与（a）、（b）相同，但从 1980 年开始；（f）为与（d）、（e）同一时期的全球完整合并的 GPCP V2.3 产品。有色块区域表示变化趋势显著，×表示变化趋势不显著（IPCC，2021b）

基于 GPCC V2020 和 CRU TS4.04[图 3-6（a）、图 3-6（b）]观测到的降水长期趋势（1901～2019 年）的空间变率表明，降水主要在北美洲东部、欧亚大陆北部、南美洲南部和澳大利亚西北部显著增加。而热带西部和赤道非洲及南亚的下降幅度最大。全球陆地年降水量异常的时间演变在 GPCC V2020、CRU TS4.04 和 GHCNv4 数据集之间的一致性较差，尤其是在 1950 年之前，这与数据覆盖范围的局限有关[图 3-6（c）]。20 世纪 50 年代之前数据集之间的这些分歧导致全球陆地区域降水变化趋势估计的差异。数据产品之间的年际和年代际变化在 20 世纪 50 年代以后存在定性的一致性，在 20 世纪 50 年代、70 年代和 2000 年之后这几个时段以正的陆地降水异常为主。GPCC V2020、CRU TS4.04 和 GPCP V2.3 展示的降水近期趋势（1980～2019 年）的空间分布显示，热带非洲、欧洲和北美洲东部、中亚和海洋大陆的陆地降水显著增加[图 3-6（d）～图 3-6（f）]。在南美洲中部、北美洲西部、北非和中东地区则观测到降水有显著下降趋势。

总的来说，自 20 世纪中叶以来，有中等信度表明全球平均陆地降水量可能有所增加，而 1950 年之前的趋势可信度较低。20 世纪 80 年代以来，有中等信度表明观测到全球陆地降水量增加速率更快，伴有更大的年际变率和空间异质性。在全球海洋上，降水趋势的估计可信度较低，这与卫星反演、融合算法的不确定性和观测资料的局限有关。

### 3.3.2  中国

基于中国近百年不同分辨率的年降水量序列，可以发现年降水量呈微弱的减少趋势。但降水量的趋势变化具有明显的季节性及地域性差异，春夏季略上升、秋冬季略下降，其中秋季的降水量下降最为明显。

1961 年以来，中国降水量的变化具有明显的地域性差异，降水增加的区域主要位于我国包括新疆在内的西北大部、青藏高原、长江下游及其以南地区。从降水量变化来看，东南部地区降水量增加趋势较大，但相对而言，西部地区降水增加更明显。值得注意的是，大约在"胡焕庸线"附近区域，东北南部、华北到西南地区降水减少（图 3-7）。

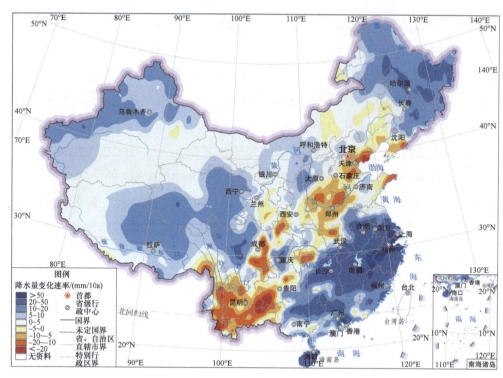

图 3-7 观测到的 1961～2020 年中国年降水量变化趋势分布

## 3.4 湿 度

### 3.4.1 地表湿度

以往的研究指出，1976 年以来，地表空气的水汽含量大范围增加，而相对湿度变化很小。最新的研究验证并支持了这个观点。地表空气变湿的趋势在热带地区和中纬度地区更为明显。水汽含量的增加与地表温度的上升关系密切，二者的关系基本满足 Clausius-Clapeyron 方程（温度升高 1℃，水汽含量增加约 7%）。再分析格点资料也表现出类似的特征。因此，这种比湿增加的趋势可信度较高。2000年后，尽管全球地表温度仍旧在缓慢上升，地表空气比湿变化却很小。海洋地区的相对湿度在 1982 年之后明显减小，这可能与海表露点温度的观测手段变更有关。IPCC AR5 指出，自 20 世纪 70 年代以来，近地表空气比湿很可能普遍增加，

2000～2012 年有所减弱（中等信度）。这种减弱导致近期陆地上的相对湿度下降。

自 1973 年以来，在有观测的大部分陆地和海洋区域，比湿普遍显著增加 [图 3-8（a）]。相比之下，相对湿度的趋势显示出明显的空间格局，在高纬度和热带地区普遍呈上升趋势，在亚热带和中纬度地区普遍呈下降趋势，特别是在陆地区域 [图 3-8（c）]。根据多套站点观测、卫星和再分析数据，自 20 世纪 70 年代以来，海洋上空的近地表比湿有所增加。根据 HadISDH 产品，比湿的增加和相对湿度的降低在北半球中纬度地区尤其显著[图 3-8（a）、图 3-8（c）]。南半球 20°S 以南的数据覆盖范围较差，无法对趋势进行稳健评估。总之，自 20 世纪 70 年代以来的观测表明，陆地和海洋的近地表比湿很可能增加。自 2000 年以来，全球大部分陆地区域的相对湿度极有可能下降，特别是北半球的中纬度地区，北部高纬度地区的相对湿度增加。

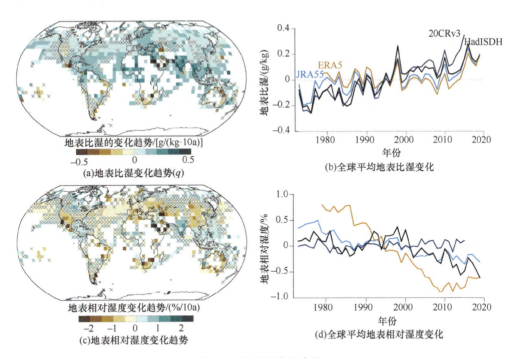

图 3-8 地表湿度的变化

（a）1973～2019 年地表比湿的变化趋势，趋势是使用 OLS 回归计算的；（b）全球平均地表比湿的逐年异常序列（相对于 1981～2010 年基准时段）；（c）、（d）与（a）、（b）相同，但为地表相对湿度。有色块区域表示变化趋势显著，×表示变化趋势不显著（IPCC，2021b）

### 3.4.2 整层水汽含量

20 世纪 70 年代以来，鉴于观测到的全球气温升高，IPCC AR5 评估指出，整层水汽含量很可能是增加的，其增加速率基本遵循 Clausius-Clapeyron 关系。

在采用有无线电探空仪开展准全球覆盖探测之前的时段，水汽含量的记录需要使用统计关系从历史海温观测或百年尺度再分析产品的评估中推断。这些方法揭示了两个水汽呈上升趋势的时段，一个是 1910～1940 年，另一个是 1975 年以后，而海温在这两个时段也是呈上升趋势的。基于海温估计水汽含量的方法潜在的误差来源包括历史 SST 的不确定性和定义变量之间关系的参数的不确定性。而基于 20CRv2c、ERA-20C 和 ERA-20CM 等资料得到的水汽的变化趋势表明，自 20 世纪初期以来，全球大部分海域的整层水汽含量增加，特别是在热带地区。采用无线电探空仪观测估计的 20 世纪中叶以来整层水汽含量趋势的结果显示，北美和欧亚大陆大部分地区显著增加，而减少趋势仅限于澳大利亚、东亚和地中海地区。总体而言，自 1979 年以来，全球陆地区域的整层水汽含量增加显著。

20 世纪 70 年代后期以来，一系列卫星任务产品可用于对整层水汽含量进行准全球评估。除了来自无线电探空仪、再分析和 GNSS 无线电掩星的产品外，一些卫星产品还可提供基于不同光谱域的水汽反演。GEWEX 水汽评估（G-VAP）提供了多个整层水汽含量数据记录的比对，覆盖全球但时间跨度有限。自 1979 年以来，全球各种水汽产品普遍呈现出上升趋势，在热带地区尤为显著。几个产品中存在明显的断点，这些断点通常与观测系统的变更一致，导致水汽的趋势估计与 Clausius-Clapeyron 关系约束的理论预期不符，尽管其他因素，如区域水汽的辐散辐合可能解释观测到的水汽与温度之间的比例关系。大量潜在的不均匀性会影响基于卫星、再分析和融合产品的趋势估计，特别是在中非、撒哈拉和中南美洲。此外，基于地面 GNSS 接收器和无线电探空仪的观测数据的缺失导致这些地区的水汽估计置信度较低。

IPCC AR6 指出，从 1979 年具有全球代表性的直接观测开始之后，全球总的大气水汽很可能出现上升趋势，尽管与观测系统变化相关的不确定性意味着对趋势幅度估计的可信度只有中等水平。长期趋势评估的低信度主要源于海温和总气柱水汽的关系及当前百年尺度再分析资料的不确定性，特别是在 20 世纪上半叶。

## 3.5　云

当潮湿的空气块上升冷却使得水汽凝结时，几乎可以在大气中的任何地方形成云。云滴、由小水滴冻结而成的冰晶及其混合物可能会进一步成长为大颗粒的雨、雪或毛毛雨。这些微物理过程与气溶胶、辐射和大气环流相互作用，导致一系列高度复杂的过程，控制云的形成和生命周期。这些过程涵盖了宽泛的空间和时间尺度。云有多种类型，从光学厚度较厚的对流云到薄的层云和卷云，这主要取决于热力学条件和大尺度环流。在赤道暖池和热带辐合带（ITCZ）区域，高海温激发深对流云系统的发展，在对流空气流出的对流层顶附近伴随着砧云和卷云。与这些对流云相联系的大尺度环流导致副热带冷海表上空下沉，使得深对流被下沉运动维持的对流层下部逆温层抑制，促进了浅层积云和层积云的形成。在温带，中纬度风暴路径控制着云的形成，这主要发生在温带气旋的锋面带。液滴在高于 $-40℃$ 的温度下不会自发冻结，使得在较高温度下冻结的冰核粒子很少，温带云通常由过冷液体和冰晶组成，形成混合相态的云。

大气流动常常将对流和相联系的云组织成尺度从几十公里到几千公里的连贯系统，如气旋和锋面系统。云和云系统被更大尺度的环流组织成不同的体系，如赤道附近的深对流、亚热带海洋层积云或由对流层西风急流引导的中纬度风暴轨迹。图 3-9 示意性地显示了一些广泛出现的云系统，它们可能出现在典型的地球静止卫星图像中。云覆盖了大约 2/3 的地球，更精确的值取决于用于定义云的光学深度阈值和测量的空间尺度。中纬度海洋风暴路径和热带降水带尤其多云，而大陆沙漠地区和中亚热带海洋相对无云。云由温度高于 $0℃$ 的液体、低于 $-38℃$ 的冰和中间温度的任一相或两相组成。在对流层的大部分地区，热带地区任何给定高度的温度通常都较高，但那里的云层也延伸得更高，因此其冰云量不低于高纬度地区的冰云量。任何一个时间，大多数云都不会降水。

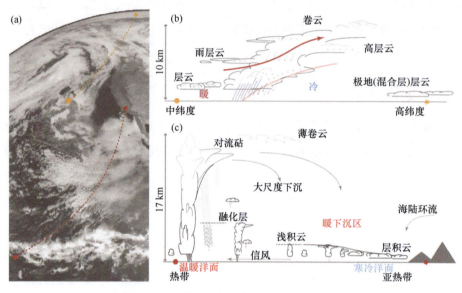

图 3-9　不同的云系反映了不同的气象状况

（a）可见光波段地球静止卫星图像显示的（从上到下）与温带气旋相关的广阔的云和其长长的弧线分布，加利福尼亚州附近的副热带沿海层积云在中太平洋分裂成浅层积云和中尺度对流系统，勾勒出太平洋热带辐合带（ITCZ）。（b）表示（a）中从橙色星号到橙色六边形的虚线示意图，穿过典型的温带气旋暖锋，显示了（从右到左）对流层上层冰（卷云）和对流层中层水（高层云），这些云在在锋区流出对流层上层，这是一个广泛的雨层云区域，与暖区的锋面抬升和湍流驱动的边界层云有关。（c）展示了沿（a）中红色星号到红色六边形的虚线路径示意图，从大陆亚热带西海岸到 ITCZ 的低层信风流，显示了（从右到左）典型的低纬度云的组合，浅积云被限制在海岸附近涌升冷海域上方的强烈反转下沉气流下，近海更加温暖水域的浅积云过渡到与 ITCZ 上升运动相关的伴有降水和广阔卷云砧的积雨云系统（IPCC，2013）

对于云的气候变化特征通常采用地表观测和卫星观测两种手段得到的数据来进行分析。IPCC AR4 以来的结论表明，总云量的变化并未表现出全球一致的特征，美国、西欧、澳大利亚、加拿大地区的云量在增多，而中国和中欧地区的云量在减少，这种减少在高云的云量中体现得更为明显。最新研究发现，热带地区的对流云和总云量呈现出东移的趋势，这可能与沃克（Walker）环流减弱有关。用卫星观测来研究云的变化特征时，卫星的轨道变更、遥感设备的老化、仪器的更换都会造成数据序列时间上的不一致性。因此，用卫星数据来分析云变化时的不确定性比较大，对云量变化的结论也应该谨慎。

云的变化直接影响到达地表辐射的变化，进而影响地表温度，同时云的变化也与降水的变化密切相关。但目前由于观测资料质量的局限，对云的长期变化的理解不确定性极大。云量的观测数据通常包括观测人员的人工观测和卫星观测。其中，人工观测的云量数据主观性较强，依赖于观测人员的经验判断。目前，我国云量资料尚未经过系统性的均一化处理。尽管如此，当地表观测资料与卫星资料观测得到的结论较为一致时，一些评估报告认为这种变化具有较高信度。从长期趋势来看，1961 年至今，人工观测和卫星资料一致地显示我国平均总云量总体呈现下降趋势，这种下降趋势在东北地区最为明显，但卫星资料与地表观测资料在冬季的一致性较差。除中部平原地区外，低云量在我国大部分地区呈现显著增多的趋势。总云量的减少是由高云的减少主导的。各个季节的云量与上述的云量的年变化规律基本一致。除了上述的长期趋势外，我国云量的阶段性变化特征非常明显，大概的分界点为 20 世纪末到 21 世纪初。2000 年以前，我国大部分地区总云量表现为显著下降趋势，晴空条件增多。2000 年之后，我国总云量的变化特征呈现出波动上升的态势。低云量的阶段性变化特征不明显，各个时段较为一致地呈现出上升趋势。

# 3.6　大　气　环　流

## 3.6.1　海平面气压

最新的研究表明，全球高纬度地区的海平面气压（SLP）在 1949～2009 年显著下降，而热带和副热带地区的海平面气压呈现出上升的趋势。大气活动中心的强度和位置并没表现出明显的线性趋势，但年代际振荡很明显。阿留申低压呈现明显东移的倾向，而西伯利亚高压在 1988～2012 年则向西北方向扩展。新一代的再分析数据显示，1979～2018 年，南半球亚热带的 SLP 增加，冬季的增加幅度更大。北半球中纬度太平洋 SLP 在冬季升高，而夏季北大西洋东部副热带和中纬度北大西洋 SLP 降低。百年尺度的再分析产品显示，20 世纪上半叶的低频变化有差异。总体而言，新一代再分析数据集支持 IPCC AR5 的结论，即自 20 世纪 50 年代以来，永久和半永久气压系统活动中心的强度和位置的变化趋势没有明确的信号。相反，它们显现出年代际的变化。大尺度 SLP 与变率模态的变化密切相关。

### 3.6.2　全球季风

IPCC AR5 指出，20 世纪下半叶全球季风环流减弱及全球陆地季风降水量减少。然而，由于再分析产品和季风区定义的不确定性，观测到的季风环流变化趋势的可信度较低。

观测表明，从 1900 年到 20 世纪 50 年代初期，全球季风陆地降水量，特别是北半球，经历了轻微的增多，随后 20 世纪 50~80 年代整体减少，然后一直增加，直到现在。这凸显出北半球季风环流和降水变化存在多年代际振荡的特点。南半球夏季季风被强烈的年际变率和显著的区域差异主导，降水观测数据未显示出显著的变化趋势。IPCC AR6 基于 20 世纪观测到的季风区降水变化趋势指出，自 20 世纪 80 年代以来，IPCC AR5 指出的全球季风降水量下降趋势已经逆转，增加的原因可能主要是北半球夏季季风降水存在显著正趋势。然而，全球季风降水在 20 世纪表现出巨大的多年代际变率，导致对仪器记录中百年长度变化趋势的评估信度不足。

### 3.6.3　热带环流

对热带地区的哈得来（Hadley）环流和沃克（Walker）环流变化的研究主要基于探空观测和再分析资料。最新的研究指出，有关哈得来环流自 20 世纪 70 年代以来增强的结论可信度并不是很高。尽管一些数据也表现出哈得来环流增强的趋势，但是趋势的大小在不同的数据间差异明显。对云量、地表风、海平面气压等气象要素的分析都表明，太平洋地区沃克环流在 20 世纪的减弱趋势也被近年来的增强所取代。

有趣的是，通过对不同的大气变量（如风、辐射、$O_3$、温度等）的分析，很多研究指出热带正在变宽。1979 年以来，表征热带范围的 $O_3$ 低值区已经从赤道扩展到北半球。哈得来环流的边缘也正在向极地扩展。副热带急流和整层平均温度的分析也支持了热带在变宽的事实，对副热带向外长波辐射的分析也验证了这一结论。两半球降水模态的变化也与热带变宽的事实相一致。多种证据表明，热带自 1979 年以来确实在变宽，该结论的可信度较高。

自 IPCC AR5 以来，基于一系列指标方法和不同再分析数据产品的多项研究表明，在过去大约 40 年中，哈得来环流的年平均范围以每 10 年 0.1～0.5 个纬度的近似速度向极地移动。各种指标显示，观测到的哈得来环流年平均的扩大主要是由于北半球哈得来环流向极地移动。1992 年后，哈得来环流在北半球的范围有更强的上升趋势[图 3-10（a）]。自 1979 年以来，哈得来环流强度变化的趋势在不同再分析资料中有所不同，尽管各套数据均显示哈得来环流存在增强的趋势，

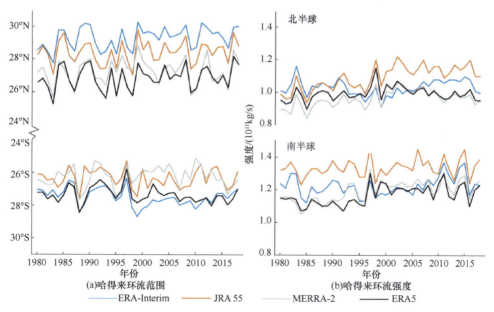

图 3-10　1979 年以来多套数据中北半球和南半球年平均哈得来环流的变化（IPCC，2021a）

北半球比南半球更为明显[图 3-10（b）]。IPCC AR6 评估指出，20 世纪 80 年代以来，哈得来环流可能有所扩大，这主要是由于其在北半球的扩张，但对变化程度的评估仅有中等信度。哈得来环流的扩展伴随着其强度的增强，特别是在北半球。

鉴于仪器观测记录，沃克环流的强度存在相当大的年代际变化，导致其变化趋势的方向和幅度存在对研究时段的依赖，一些研究指出沃克环流在 20 世纪减弱，而另一些研究指出其在加强，特别是在过去 30～40 年。对 Walker 环流强度长期趋势的估计信度较低，这可能与分析时间段数据的不确定性有关。1980 年以来 Walker 环流的变化趋势总体上显现出类似拉尼娜状况的变化，这意味着沃克环流很可能在增强、位置在西移，不过卫星观测和再分析数据产品之间存在差异，上述变化结论的信度为中等。

### 3.6.4　副热带急流、风暴轴和阻塞

IPCC AR5 指出，基于不同数据集、变量和方法的研究均显示，20 世纪 70 年代以来风暴轴和急流可能向极地移动。这些趋势与 70 年代以来哈得来环流的扩大和环流特征向极地移动是一致的。

多套再分析资料表明，自 1979 年以来，副热带急流风速在两个半球的冬季普遍增加，夏季减少，但趋势取决于区域。在北半球中纬度地区，夏季纬向风速在对流层中部有所减弱。同时，在半球尺度上，有迹象表明北方秋季急流曲折增强，而曲折的区域分布取决于背景大气状态。然而，急流曲折的趋势对所使用的指标很敏感。

多源再分析资料和探空观测显示，20 世纪 50 年代以来，北半球上空的温带气旋数量不断增加。1979 年以来，尽管再分析资料之间存在较大的差异，但总体上的增加趋势是一致的。近几十年来，南半球中高纬度的强温带气旋增多，然而强气旋的数量在北半球的冬季和夏季均减少。由于强烈的年际年代际变化、对数据集的选择、分辨率及气旋识别/追踪方法的敏感性，温带气旋变化趋势的评估十分复杂。因此，全球温带风暴路径的近期变化总体上为低信度。

多套再分析和探空资料均显示，自 1979 年以来对流层副热带急流不断地向极地移动。这与早先发布的卫星温度观测数据的变化基本一致。20 世纪 60 年代以

后，北大西洋和北太平洋上空的副热带急流在 8 月的经向变化幅度放在数世纪长度的变化背景中看，变率是比较强的。尽管存在区域差异，但 1979～2010 年北大西洋和北太平洋冬季风暴路径总体上向极地偏移。1979 年以来，南半球热带外地区，极地急流也出现了类似强劲的向极地移动，但 2000 年以后，12 月至次年 2 月（DJF）南半球急流位置向极地移动的趋势停止。中纬度急流的普遍向极地移动与热带环流的扩张是一致的。副热带急流和西风带的变化也与环状模的变率有关。

综上所述，基于多套再分析数据及无线电探空仪的观测数据，IPCC AR6 指出，20 世纪 80 年代以来，北半球的温带气旋总数可能有所增加（低信度），但强气旋的数量减少，尤其是在夏季。有中等信度表明，南半球强温带气旋的数量可能有所增加。20 世纪 80 年代以来，中纬度地区的副热带急流和风暴轴可能在两个半球都向极地移动，变化趋势具有明显的季节性。

因为极端事件往往与某种特定的天气形势联系在一起，所以对某种天气型（配置）变化特征的研究非常重要。IPCC AR4 指出，阻塞高压的发生频率在西太平洋逐渐增加，而在北大西洋逐渐减少。20 世纪中叶以来，很多研究聚焦在中欧地区天气型的气候变化特征。结果表明，冬季的气旋型天气减少，而夏季的反气旋型干热天气增多。在北大西洋和北太平洋，阻塞高压有东移的趋势。北半球的阻塞高压持续时间有增长的趋势。由于所采用的阻塞高压的定义不同，相应的阻塞高压的趋势和年际变率都有较大差异，这给在全球尺度内评估阻塞高压的气候变化特征增加了难度。

近几十年来，仅在某些地区和特定季节发现了阻塞高压有稳健的变化趋势。例如，北半球冬季北大西洋低纬度地区、南半球夏季南大西洋和南半球春季的南印度洋地区阻塞高压的频次有所增多，而在冬季的西伯利亚及南半球春季的西南太平洋发现阻塞发生频率有降低趋势。在东欧俄罗斯和西西伯利亚，研究指出，阻塞事件的持续时间有延长的趋势。此外，南半球和北大西洋阻塞事件数量的年际变率有所增加。阻塞事件频次、强度及持续时间等各项特征的变化趋势对数据集、计算的时段及方法的选择都很敏感。因此，阻塞发生频率在半球和全球尺度上的变化趋势总体上具有较低的信度。

### 3.6.5 平流层环流

对气候和痕量气体分布影响最重要的平流层环流包含冬春季的极涡、爆发性增温、准两年振荡、Brewer-Dobson 环流等。IPCC AR5 评估了极涡的变化，并报告至少自 1979 年以来，在春季和夏季南极上空的平流层低层位势高度可能在下降。一些研究提出了多种极地涡旋强度和平流层爆发性增温（SSW）事件的定义并且进行了比较，还发展了识别逐日极涡旋型态和 SSW 的新技术。再分析资料中平流层风的误差得到了评估，基于再分析、卫星和无线电探空仪等不同来源资料的平流层大气环流和温度的差异也得到了比较。

近几十年来，北半球平流层极涡的变化随着季节和高度的不同而有不同特点。多套再分析和无线电探空仪数据集显示，自 20 世纪 80 年代初以来，60°N 以北极地区的仲冬平流层下层位势高度（150hPa）显著增加。这个信号一直延伸到平流层的中上层。1～2 月，60°N 以北 10hPa 的纬向风一直在减弱。北极平流层的逐日大气环流型表现出强极涡事件的频率降低，而更持久的弱事件则相应增加，这在很大程度上解释了在 1979～2015 年观测到的极涡显著减弱。北极极涡在初冬减弱，但在冬末增强。在平流层中上层，1998 年以来，冬季北极极涡呈加强趋势，与此前的减弱趋势形成鲜明对比。极涡的位置也存在长期变化，在 1979～2015 年 2 月呈现出偏向北西伯利亚和远离北美的持续性移动。多种方法均揭示了类似的位置变化。

SSW 是一种平流层气温快速升高的现象（有时在 1～2 天升高超过 50℃），与平流层上部纬向风的反转密切相关，并导致平流层极涡的崩溃或大幅减弱，在北半球冬季平均每 10 年约发生 6 次。所有现代再分析的 SSW 记录都非常一致。20世纪 80 年代和 2000 年大幅度的仲冬 SSW 发生率较高，而 1990～1997 年没有 SSW 事件。对 SSW 事件的多年代际变率和变化的评估对选择的指标和方法都很敏感。由于缺乏对高空数据的同化，20 世纪再分析资料不能反映 SSW 事件，即使是最近几十年的时段，因此无法提供 SSW 早期行为的相关信息。尽管人们对 $O_3$ 空洞很感兴趣，而且南半球平流层极涡强度可能对其产生影响，但对南半球平流层极涡强度趋势的研究却相当少。南半球 SSW 事件的发生不如北半球频繁，在过去 40 年中仅记录了 3 次事件。

总的来说，20 世纪 80 年代以来，北半球平流层低层极涡很可能减弱，其位置更频繁地向欧亚大陆移动。北极极涡的变率非常大，这使得极涡的趋势估计的不确定性很大，分析结果对所采用的再分析数据来源和分析时段都非常敏感。此外，观测记录长度不足和较大的年代际变率使得对北半球冬季 SSW 事件的各项趋势估计的信度较低，而南半球的此类事件很少见。

## 3.7　对流层顶

IPCC AR4 指出，1960～2000 年，北半球冬季平均和年平均的对流层位势高度在高纬度地区呈现下降的趋势；而在中纬度对流层位势高度呈现上升的趋势；热带对流层顶高度有升高趋势。IPCC AR5 统计趋势时计算的时段改变为 1979～2012 年，发现全球区域位势高度的变化趋势有所不同。但最新的研究表明，热带对流层顶升高这一结论还是可信的。IPCC AR5 同时指出，南半球夏季高纬度地区的对流层位势高度可能呈现下降趋势，而在热带外地区以及北半球高纬地区则有所增加。

无线电探空仪和再分析数据集显示，1981～2015 年对流层顶高度每 10 年上升 40～120 m。区域尺度上的研究发现，与热带扩张有关的副热带急流附近的一些地区对流层顶高度变化有更强的趋势。IPCC AR6 评估指出，几乎可以肯定 1980～2018 年对流层顶高度在全球范围内有所上升，但对其变化幅度的评估信度仍较低。

## 3.8　地面风场

由于地表观测的缺乏，而且风速在海洋上和陆地上的观测方案也不同，全球地表风速的变化趋势估计的信度很低。全球的风速观测缺少元数据信息，对观测方式和观测地点的信息记录都十分匮乏。目前缺少一套连续的均一化的风速观测资料来给出较为准确的风速变化估计，再分析资料得到的结果与实际的站点观测相差甚远。尽管如此，还是有一些被广为接受的结论，在两半球的高纬度地区，风速表现出增大的趋势；热带和中纬度地区的风速在下降，但不同资料得到的趋势大小差异较大。

　　IPCC AR5 之后地面风场观测数据集得到了更新，质量控制程序也有所改进，特别注重均一性和更好地保留真实的极值。IPCC AR6 评估指出，自 20 世纪 70 年代以来，陆地上的地表风可能在全球范围内减弱，尤其是在北半球，2010 年左右之后地表风速有所恢复但可信度不高。现有的风速估计结果之间的差异导致对全球海洋区域整体风速趋势的评估可信度较低，但大多数数据集显示 1980～2000 年全球海洋表面风速及过去 40 年北大西洋西部和热带东太平洋区域风速均有所加强（图 3-11）。

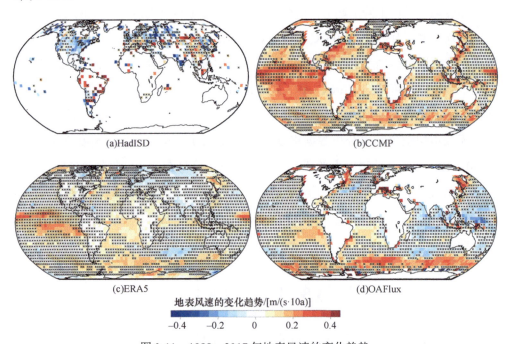

图 3-11　1988～2017 年地表风速的变化趋势

（a）综合地面数据库（HadISD v2.0.2.2017f）中关键站点观测到的风速；（b）交叉验证过的多平台风速产品；（c）ERA5 数据集中的地表风速；（d）客观分析的海气热通量数据集（第 3 版）的风速。无色块区域表示数据不完整或缺失，有色块区域表示变化趋势显著，×表示变化趋势不显著，趋势是使用 OLS 回归计算的（IPCC，2021a）

# 参 考 文 献

储鹏, 江志红, 李庆祥, 等. 2016. 城市分类对中国城市化影响评估的不确定性分析. 大气科学学报, 395(5): 661-671.

李庆祥, 董文杰, 李伟, 等. 2010. 近百年中国气温变化的不确定性. 科学通报, 55: 1974-1982.

秦大河, 翟盘茂. 2021. 中国气候与生态环境演变. 2021 第一卷 科学基础. 北京: 科学出版社.

秦大河. 2012. 中国气候与环境演变. 北京: 科学出版社.

翟盘茂. 1997. 中国历史探空资料中的一些过失误差及偏差问题. 气象学报, 55(5): 563-572.

Cao L J, Yan Z W, Zhao P, et al. 2017. Climatic warming in China during 1901-2015 based on an extended dataset of instrumental temperature records. Environmental Research Letters, 12(6): 064005.

Cao L, Zhao P, Yan Z, et al. 2013. Instrumental temperature series in eastern and central China back to the nineteenth century. Journal of Geophysical Research: Atmospheres, 118(15): 8197-8207.

Gulev S K, Thorne P W, Ahn J, et al. 2021. Changing state of the climate system//Masson-Delmotte V, Zhai P, Pirani A, et al. Climate Change 2021: The Physical Science Basis. Contribution of Working Group I to the Sixth Assessment Report of the Intergovernmental Panel on Climate Change. Cambridge, United Kingdom and New York, NY, USA: Cambridge University Press: 287-422.

Guo Y, Ding Y. 2009. Long-term free-atmosphere temperature trends in China derived from homogenized in situ radiosonde temperature series. Journal of Climate, 22(4): 1037-1051.

Guo Y, Ding Y. 2011. Impacts of reference time series on the homogenization of radiosonde temperature. Advances in Atmospheric Sciences, 28(5): 1011-1022.

Guo Y, Thorne P W, McCarthy M P, et al. 2008. Radiosonde temperature trends and their uncertainties over eastern China. International Journal of Climatology, 28(10): 1269-1281.

IPCC. 2013. Climate Change 2013: The Physical Science Basis//Contribution of Working Group I to the Fifth Assessment Report of the Intergovernmental Panel on Climate Change. Cambridge, United Kingdom and New York, NY, USA: Cambridge University Press: 1535.

IPCC. 2014. Climate Change 2014: Synthesis Report//Contribution of Working Groups I, II and III to the Fifth Assessment Report of the Intergovernmental Panel on Climate Change. Geneva, Switzerland: IPCC: 151.

IPCC. 2018. Global Warming of 1.5℃//Masson-Delmotte V, Zhai P, Pörtner H-O, et al. An IPCC Special Report on the Impacts of Global Warming of 1.5℃ above Pre-industrial Levels and Related Global Greenhouse Gas Emission Pathways, in the Context of Strengthening the Global Response to the Threat of Climate Change, Sustainable Development, and Efforts to Eradicate Poverty. Cambridge, United Kingdom and New York, NY, USA: Cambridge University Press: 616.

IPCC. 2019. Summary for Policymakers//Pörtner H-O, Roberts D C, Masson-Delmotte V, et al. IPCC Special Report on the Ocean and Cryosphere in a Changing Climate. Cambridge, United Kingdom and New York, NY, USA: Cambridge University Press: 3-35.

IPCC. 2021a. Summary for Policymakers//Masson-Delmotte V, Zhai P, Pirani A, et al. Climate Change 2021: The Physical Science Basis. Contribution of Working Group I to the Sixth Assessment Report of the Intergovernmental Panel on Climate Change. Cambridge, United Kingdom and New York, NY, USA: Cambridge University Press: 3-32.

IPCC. 2021b. Climate Change 2021: The Physical Science Basis//Masson-Delmotte V, Zhai P, Pirani A, et al. Contribution of Working Group I to the Sixth Assessment Report of the Intergovernmental Panel on Climate Change. Cambridge, United Kingdom and New York, NY, USA: Cambridge University Press: 2391.

Kadow C, Hall D M, Ulbrich U. 2020. Artificial intelligence reconstructs missing climate information. Nature Geoscience, 13(6): 408-413.

Kaufman D, McKay N, Routson C, et al. 2020. Holocene global mean surface temperature, a multi-method reconstruction approach. Scientific Data, 7(1): 201.

Kitoh A, Endo H, Krishna Kumar K, et al. 2013. Monsoons in a changing world: A regional perspective in a global context. Journal of Geophysical Research: Atmospheres, 118(8): 3053-3065.

Li Q, Zhang L, Xu W, et al. 2017. Comparisons of time series of annual mean surface air temperature for China since the 1900s: Observations, model simulations, and extended reanalysis. Bulletin of the American Meteorological Society, 98(4): 699-711.

Li Y, Zhu L, Zhao X, et al. 2013. Urbanization impact on temperature change in China with emphasis on land cover change and human activity. Journal of Climate, 26(22): 8765-8780.

Tang G L, Ren G Y. 2005. Reanalysis of surface air temperature change of the last 100 years over China. Climatic and Environmental Research, 10(4): 791-798.

Wang F, Ge Q S, Wang S W, et al. 2015. A new estimation of urbanization's contribution to the warming trend in China. Journal of Climate, 28(22): 8923-8938.

Wang J, Xu C, Hu M, et al. 2014. A new estimate of the China temperature anomaly series and uncertainty assessment in 1900—2006. Journal of Geophysical Research: Atmospheres, 119: 1-9.

Wang S W, Ye J L, Gong D Y, et al.1998. Construction of mean annual temperature series for the last one hundred years in China. Journal of Applied Meteorological Science, 9(4): 392-401.

Yan Z W, Ding Y H, Zhai P M, et al.2020. Re-assessing climatic warming in China since 1900. Journal of Meteorological Research, 34(2): 1-9.

Zhao P, Jones P D, Cao L J, et al. 2014. Trend of surface air temperature in eastern China and associated large-scale climate variability over the last 100 years. Journal of Climate, 27(12): 4693-4703.

# 第 4 章

# 冰冻圈变化

冰冻圈是地球气候系统五大圈层之一，在陆地上其覆盖面积占全球陆地面积的 52%～55%，在海上占海洋面积的 5.3%～7.3%。其中山地冰川、南极冰盖和格陵兰冰盖占全球陆地面积的 10% 左右，冻土占 42%～45%，积雪占 1.3%～30.6%。冰冻圈通过改变地表反照率、陆–气能量和物质交换、海洋–大气能量和物质交换及传输、影响生物地球化学循环过程等，参与多种尺度的气候变化和反馈，是气候系统变率的重要来源和驱动因子（秦大河，2018）。对冰冻圈关键变量的观测及长期变化研究是当代气候变化科学的热点之一。本章介绍海冰、积雪、冰川、冰盖和冻土等冰冻圈主要要素的特征及其变化。

## 4.1 海 冰

中高纬度海水冻结形成海冰，包括随风和洋流移动的浮冰和固定在海岸附近不移动的冰层。一些海冰伴随季节的变化生成和消融，如果存在时间不超过 1 年，则称为当年冰；如果存续超过一年，则称为多年冰。某一海域内，分散的浮冰或者连续分布的冰层全部累加起来，称为海冰面积。海冰面积占整个海域面积的比值为海冰密集度。此外，研究中常用网格资料，统计海冰密集度达到一定阈值（通常取 15%）的网格，这些网格的面积累加起来可得到海冰范围。需要注意的是，海冰面积是一个绝对量，而海冰范围的数值大小则依赖于网格的分辨率。海冰冰量由厚度、面积和密度所决定，即将格点内海冰覆盖面积与平均厚度相乘得到海冰体积。因此，海冰体量估算的不确定性部分来自对海冰面积反演的不确定性，其中包括遥感反演算法的选择，另外，由于实地观测稀少，海冰厚度的信息主要依赖于飞机和卫星遥感探测，其精度对海冰体量估算的不确定性影响很大。

　　1979 年以来北极地区的海冰面积和海冰范围不管是各月、各季还是年平均，均呈持续下降趋势，其中夏季的下降趋势最突出（图 4-1）。卫星观测资料显示，9 月海冰面积从 20 世纪 80 年代的 $6.23 \times 10^6$ km$^2$ 下降到 21 世纪 10 年代的 $3.76 \times 10^6$ km$^2$；同时 3 月的海冰面积从 $1.452 \times 10^7$ km$^2$ 下降到 $1.342 \times 10^7$ km$^2$。1850 年以来的海冰分布图显示 20 世纪 90 年代以前变化的趋势不太明显。海冰面积的迅速减少主要是 2000 年以来的突出趋势所贡献。近 10 年来海冰面积的平均值与过去 100 多年的历史状况相比，已经明显超过了自然变化范围的下限，这也是过去

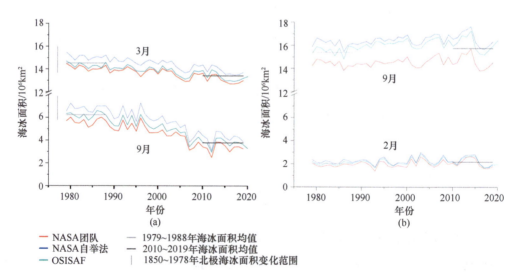

图 4-1　北极（a）和南极（b）海冰面积

彩色折线代表不同资料历年值，灰色横直线为资料最早 10 年和最近 10 年各自的平均值；（a）图左侧灰色垂直线为 1850~1978 年海冰面积变化的幅度范围（IPCC，2021）

近千年没有出现过的情况。其中，卫星观测资料显示，1979～2020 年的海冰面积最低值出现在 2012 年夏季。2012 年 9 月 16 日海冰覆盖范围也是历史记录以来的最低值，只有 20 世纪 80 年代和 90 年代 9 月平均值的 45%。按照这个速度，夏季海洋可能在不远的将来变为无冰海洋（指海冰范围小于 100 万 $km^2$）（Mortin et al.，2016；Bliss et al.，2017）。

当然，北极海冰面积的变化也有很强的年际波动。夏季海冰面积的减少趋势与地表冰雪融化开始的日期越来越早、冻结开始的日期越来越晚的趋势是同步的。伴随海冰的快速减少，其海冰冰龄构成也发生了显著的变化，多年冰越来越少。统计表明，1980 年左右，北极海冰中的多年冰占总海冰量的 75% 以上；1985 年 3 月的观测，冰龄超过 4 年的海冰占比为 33%；而到了 2019 年 3 月，多年冰的比重仅为 1.2%，几乎可忽略不计。同时，当年冰成为北冰洋海冰的主体。多年冰的消失意味着海冰总体在变薄。除了受气温变暖的影响外，大气环流的变化也可造成海冰的显著变化，如 1989～1996 年北冰洋多年海冰减少，主要与北极涛动正位相背景下的大气环流场和风应力作用下，通过弗拉姆（Fram）海峡输出了大量的多年冰有关（King et al.，2018）。

与北极海冰的变化不同，观测的南极海冰没有表现出稳定且强的趋势。不同时段的资料统计得到的结果不同，甚至趋势的正负方向不一致。早期可见光波段和红外波段的遥感影像的海冰范围虽然不确定性较大，不过统计结果显示，20 世纪 60 年代的海冰范围相较于 1979～2013 年总体上是偏高的。根据 1979～2012 年资料统计，南极海冰范围表现出弱的增加趋势，为 1.2%～1.8%/10a，相当于 $1.3 \times 10^5 \sim 0.2 \times 10^6 km^2/10a$。而资料统计到 2015 年时，趋势就很弱了。1979～2015 年被动遥感的连续观测数据显示，海冰面积有增加的趋势（2.5%/10a），尤其是秋季的增加更为明显（Maksym，2019），这与同期海冰范围的趋势吻合。2016～2018 年连续 3 年海冰覆盖都是低于多年平均状况，因此 1979～2018 年的海冰覆盖时间序列就没有明显的趋势了。根据 IPCC AR6，海冰资料更新到 2020 年再统计，夏季和冬季的海冰面积都没有显著趋势。当然，南极海冰的一个突出特点是存在显著的区域性差异。别林斯高晋海和阿蒙森海扇区呈减少趋势，在其他扇区呈增加趋势，整体平均会造成区域趋势相互抵消。另外一个特点是其高变率。2014 年以来南极海冰面积和范围的突出特征是具有很强的波动性，破纪录的高值和破纪录的低值相继出现，如 2012~2014 年，连续出现卫星观测记录以来的极大值，2016 年则迅速下降，直到 2019 年都保持在多年平均值以下的状况。最近 10 年（2010~2019 年）根据多套资料平均计算，2 月（夏季）海冰面积为 $2.17×10^6 km^2$，9 月（冬季）海冰面积为 $1.575×10^7 km^2$，相比之下，同一卫星观测资料最早记录的 10 年（1979~1988 年），2 月和 9 月海冰面积分别为 $2.04×10^7 km^2$ 和 $1.539×10^7 km^2$ 可以看出，这两个时期海冰面积变化幅度不大。

值得注意的是，2023 年 2 月在南极海冰观测到有卫星监测记录以来的最小值，海冰范围下降到 $1.92×10^6 km^2$，海冰面积下降到 $1.24×10^6 km^2$，南大洋所有扇区单独统计，均为负距平，其中以罗斯海和威德尔海的负距平最大。2023 年南半球冬季南极海冰范围也创历史最低。

## 4.2 积　　雪

全球 98%的积雪位于北半球，最大覆盖面积达 $4.52×10^7 km^2$。降雪是降水的一种形式，积雪的变化受降雪量和温度的共同影响。全球变暖带来的气温升高和大气环流调整，使得积雪发生着快速的变化，尤其是高纬度、高海拔地区具有比全球平均更高的变暖幅度，相应地伴随积雪更加敏感的响应。

北半球积雪范围总体呈现不断减少的趋势（图 4-2），最大的减少趋势出现在春季和夏季。多源观测数据显示，1922 年以来的北半球春季积雪范围的变化尽管存在很强的年际变率及区域性差异，但整体上却呈现显著的下降趋势，每 10 年下降 $2.9×10^5 km^2$（Mudryk et al.，2020）。1978 年以来卫星观测的北半球积雪范围也显示持续的减少，其中 3 月欧亚大陆的减少是最主要的贡献源（Kunkel et al.，2016）。北半球积雪范围的这种显著减小主要是由气温不断升高造成的，同时也与发生在1980 年前后的大气环流转型有关。其他季节积雪的变化，由于不同数据集数据的来源、分辨率等的差别，其估算的积雪的下降趋势值的大小也存在差异，NOAA

的气候数据显示，1978 年以来冷季（10 月到次年 2 月）北半球积雪有增加的趋势，而基于卫星光学遥感和其他观测产品资料则显示，所有季节均呈现负的趋势（Hori et al.，2017；Connolly et al.，2019）。

积雪天数总体也呈缩减趋势，且在高海拔和高纬度地区缩减趋势更明显。泛北极地区陆地季节性积雪天数 20 世纪 70 年代以来减少 2～4d/10a，其中欧亚大陆西部地区 1978 年以来呈显著的下降趋势（Brown et al.，2017；Hori et al.，2017）。积雪天数的减少以春季积雪终日的大幅提前为主要特征，每 10 年约提前 3.4 天。此外，20 世纪 60 年代以来北半球积雪最大深度呈下降的趋势，其中北美大陆趋势信号比较明显，欧亚大陆不确定性较大。而 1981 年以来的雪水当量总体上有减少的趋势。

中国积雪天数在冬季、春季和秋季呈现增加趋势，夏季显著缩短。20 世纪 60 年代以来，青藏高原积雪期每 10 年减少 3.5 天，积雪首日每 10 年延后 1.6 天，终雪日每 10 年提前 1.9 天。

北极海冰及高纬度陆地积雪的减少显著影响气候系统的水循环和能量收支。温度的变暖、海冰和积雪减少，一方面加强了海面和陆面的蒸发，另一方面减少了表面反照率。水汽和反照率反馈会进一步加强温度的升高。近几十年来，北极地区温度上升趋势比中低纬度及全球平均都要明显高很多。根据 NOAATv5、GISST v4、HadCRUTv4 和 ERA5 等资料，对 60°N 以北地区面积加权平均，统计 1979～2019 年年平均气温的趋势，尽管这些资料来源及缺测情况不同，但其趋势大体上是接近的，其值均在 0.52～0.61℃/10a，4 套资料平均结果为 0.56℃/10a，明显高于同期中纬度和热带的趋势（分别为 0.29℃/10a 及 0.15℃/10a），以及全球均温趋势的 0.18℃/10a。这表明北极地区的升温速率是热带的 3.5～4 倍、中纬度的 2 倍左右。这个特征称为北极增暖放大现象。冰冻圈的变化及反馈在其中发挥了非常重要的作用。

此外，极地与中低纬度升温趋势的差异改变了南北温度梯度，调控了大气环流，进而引起了区域天气气候异常。理论上，热带–北极之间温度梯度的减小，会导致极锋急流强度减弱和位置南移。利用大气模式考察北极地区对流层低层异常增温的大气环流响应，结果显示，中纬度对流层天气尺度动量减弱，中心位置位于 250 hPa、35°N～50°N，同时 20°N 附近有异常东风、30°N～40°N 地区有异常西风、45°N～60°N 有异常东风，这表明极锋急流位置南移，副热带急流位置北移。西风急流的流速和流线平顺性下降，易导致槽脊的加强。观测和数值模拟的结果显示，不管是夏季还是冬季，在急流速度变小的情况下，其南北位置更加不稳定。风速最小的 1/4 与风速最高的 1/4 逐日观测样本比较，其纬度位置的标准差，在冬天偏高 50%，而夏天急流弱的情况下的位置标准差是急流强的情况下的 2 倍。这些都可导致极端天气气候事件的发生。伴随极锋急流的减弱和南移，高纬度的扰动更容易传播到并影响中低纬度地区。

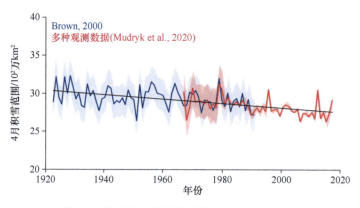

图 4-2　北半球 4 月积雪范围（IPCC，2021）

## 4.3　冰　　川

全球冰川主要分布在南、北极和亚洲高海拔地区。气候变暖背景下，全球冰川持续处于减薄与萎缩的状态。通过对比全球各地区的 500 条长序列冰川长度变化，不难发现退缩为主导的趋势。有些大型山谷冰川，在过去的 120 年间分别累计退缩了数千米。中纬地区的冰川退缩速率为 2～20m/a。全球少量冰川监测可追溯到 17 世纪或更早。冰川长度变化反映出长期低频气候变化的影响。综合全球 169 条冰川的长度记录，按地区分类均一化，显示 18 世纪以来全球不同地区的冰川经历了大致相同的变化过程，即各地区冰川大致在 1800 年开始退缩，1850 年以来处于持续的快速退缩状态。原始数据显示，1970～1990 年退缩有所减缓；到 1990 年之后，退缩又开始加剧。冰川消失也有大量报道，如加拿大北极、落基山及喀斯喀特山脉北部、巴塔哥尼亚、一些热带山地、阿尔卑斯山、天山等，报道消失的冰川累计有 600 多条，实际消失的冰川数量可能更高。这些事实证明冰川平衡线高度已显著抬升。与此相反，IPCC AR6 统计长度增长的冰川数目，结果显示，2000 年以来呈现出波动中增加的趋势，直到 19 世纪后期，前进冰川数目开始减少；20 世纪初期明显减少；20 世纪中期开始，其数目则是跳跃式下降（图 4-3）。

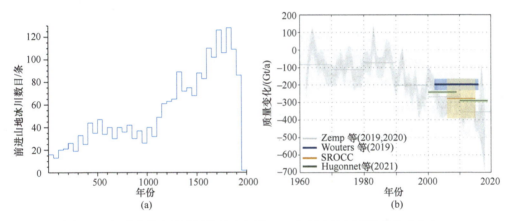

图 4-3　过去 2000 年前进的山地冰川数目（a）及 1961 年以来冰川质量变化（b）（IPCC，2021）
SROCC 为 IPCC 在 2019 年发布的《气候变化中的海洋和冰冻圈特别报告》

　　首先，冰川变化受气候变化制约，通过物质平衡而在规模上做出响应。因为冰川动力调节的滞后性，其规模的变化并不完全与气候变化同步。其过程表现为，冰川的物质平衡要通过冰川的运动和物质调整才能在冰川规模上有所反映。这个过程快慢取决于冰川大小，冰川规模越大，则滞后反应的时间越长。其次，冰川的热力性质也是决定性因素。温性冰川存在底部滑动，与冷性冰川相比，在类似物质平衡变化驱动下，相同规模的温性冰川运动速度明显大于冷性冰川，冰川进退幅度也大。这些因素造成了同一地区不同规模的冰川，或不同地区相同规模的冰川对气候变化的响应存在差异。

IPCC AR6 在更新后的 Randolf 冰川编目（RGI 6.0）基础上[①]，评估了全球及 19 个分区的冰川面积和冰量的变化。根据 21 万多条冰川统计，2000 年冰川的面积为（$7.057 \times 10^5 \pm 3.32 \times 10^4$）$km^2$，冰量总体积约为 324mm 海平面当量。2000～2009 年的损失率为平均每年（240±9）Gt，2010～2019 年的损失率增大为每年（290±10）Gt。近 20 年统计，全球冰川物质损失的总量每年为（266±16）Gt，其中绝大部分（83%）是由阿拉斯加（25%）、格陵兰岛（占 13%）、加拿大北极北部（11%）、加拿大北极南部（10%）、南极（8%）、安第斯山南部（8%）和亚洲中部（8%）等地区所贡献的。

全球冰川冰量的损失也常换算为海平面当量。1901～2018 年总计冰川质量亏损的海平面当量为 67.2mm，折算变化率为 0.57mm/a。这个量在所有海平面当量贡献项（包括热膨胀、冰川、冰盖、陆地储水等，总计为 164.6mm）中的占比达 40.8%。当然，不同时段冰川质量亏损的变化率不同。1971～2018 年为 0.44mm/a，1993～2018 年为 0.55mm/a，2006～2018 年为 0.62mm/a，总体来看，近百年来全球冰川冰量损失有加速的趋势。

# 4.4 冰　　盖

冰盖是自然界低温条件下降雪积累并经密实化过程演化形成的具有大陆尺度规模的陆地冰体，厚度很大，足以覆盖大部分下垫面。当今现存的冰盖有格陵兰冰盖和南极冰盖，它们是地球上最大的淡水库，约占全球淡水资源的 3/4 以上。若格陵兰冰盖全部融化将导致全球海平面上升约 7m，而南极冰盖全部融化将导致全球海平面将上升 60m 以上。冰量增加是通过积累（降雪），而冰量损失是因为表面消融（主要是冰融化），以及边缘冰体外流到漂浮的冰架或直接崩落到海洋。积累量增加使全球平均海平面下降，而表面消融和外流量的增加使之上升。物质通量的变化受冰盖内外、大气和海洋诸多过程的影响。每次降水过程，不但为冰盖增添了新的物质，同时也将各种环境气候信息和其他物质储存到冰盖内。因此，

---

① RGI Consortium. 2017. Randolph Glacier Inventory-A Dataset of Global Glacier Outlines: Version 6.0. Technical Report, Global Land Ice Measurements from Space. CO, USA.

从冰盖表面向内部，逐层分析雪冰及其所含各种物质，能够重建气候和环境的变化历史，这是全球变化研究中的重要内容之一（秦大河等，1995）。

## 4.4.1　格陵兰冰盖的变化

格陵兰冰盖是覆盖在世界第一大岛格陵兰岛上的冰盖，其规模仅次于南极冰盖。相较于南极冰盖，它距离寒冷的极地要远得多，冰盖最南端位于 60°N 以南。几个世纪以来，格陵兰冰盖的消减保持着平衡：夏天，冰川崩解，融水汇入海洋；冬天，积累（降雪）增加冰量。在过去的 20 年里，格陵兰冰盖一直在融化，这种高速率的融化现象已经扩大到更高海拔的地区，并且自 1992 年以来开始加速。格陵兰冰盖的体积与过去几百万年更暖的时期相比有所减少。自 20 世纪 90 年代，夏季冰盖融化的速率已上升至过去 350 年以来前所未有的程度，达到工业化前速率的 2～5 倍。在 1992 年之前，因为高度计、重力卫星的应用还没有出现，格陵兰冰盖的物质变化估计受限于观测，对冰盖的物质平衡监测误差较大。结合新的机载观测、模型估计及大地测量等方法的综合记录表明，1900～1983 年的冰盖平均物质损失为（75±29.4）Gt/a。

21 世纪初以来，格陵兰冰盖的物质损失速率有所增加。1992～2020 年，格陵兰冰盖损失了 4890（4140～5640）Gt[相当于海平面上升 13.5（11.4～15.6）mm]的冰量（图 4-4）。冰盖在 20 世纪 90 年代接近物质平衡，但此后物质损失有所上升（IMBIE Consortium，2020）。格陵兰冰盖（包括外围冰川）的物质损失率从 1901～1990 年的 120（70～170）Gt/a[相当于海平面上升 0.33（0.18～0.47）mm/a]上升至 2006～2018 年的 330（290～370）Gt/a[相当于海平面上升 0.91（0.79～1.02）mm/a]。具体来说，格陵兰冰盖物质损失率在 1992～1999 年平均为 39（3～80）Gt/a，在 2000～2009 年为 175（131～220）Gt/a 及在 2010～2019 年为 243（197～290）Gt/a。历史图像资料显示，1880～1940 年，格陵兰岛西部的 Jakobshavn 冰川和 Kangerlussuaq 冰川的大量冰量损失超过了它们在 21 世纪初的冰量损失；而格陵兰岛东部的 Helheim 冰川保持稳定，在 20 世纪 90 年代增加了冰量，然后在 2000 年之后冰量物质损失加速。这 3 个大型溢出冰川（outlet glacier）在 1880～2012 年损失了（22±3）Gt/a，消耗了约 12%的冰盖表面区域。在经过 2017～2018 年的 2 个寒冷夏季，格陵兰冰盖的物质损失变化相对温和，约为 100 Gt/a；而 2019 年的冰盖物质损失[（532±58）Gt/a]是有记录以来物质损失最大的。

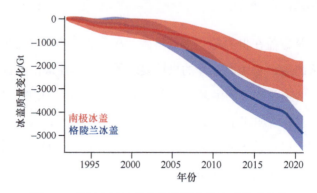

图 4-4　累积南极冰盖和格陵兰冰盖冰雪物质变化
相应累积变化的估计不确定性（很可能范围）用阴影表示（IPCC，2021）

格陵兰冰盖表面物质平衡已开始主导格陵兰冰盖的物质损失（由于冰面融化和径流增加），而不是冰量的流泻（discharge），并且冰盖的表面物质平衡从 2000～2005 年占冰盖总物质损失的 42%增加至 2009～2012 年的 68%。1972～1999 年，冰盖的流泻相对稳定，其年际变化幅度约为 6%，同时表面物质平衡的年际变化幅度则是前者的 2 倍以上，从而决定当年冰盖的物质增加或减少（图 4-5）。2000～2005 年，冰盖的流泻率增加了 18%，然后再次保持相对稳定（2006～2018 年增加了 6%）。2000 年后，冰盖表面物质平衡下降的速度快于冰盖流泻增加的速度。总之，格陵兰冰盖物质损失逐渐由冰盖表面物质平衡主导，但由于其年际变率很大，所以冰盖物质损失波动也很大。

在区域尺度上，格陵兰冰盖所有地区的地表海拔都在降低，并且已经观测到冰川崩解的前缘后退。格陵兰冰盖最大的物质损失发生在西海岸和格陵兰岛东南部（图 4-5），集中在几个主要的溢出冰川。此外，由于持续的冰量流失，2007～2019 年基岩弹性隆起数十厘米。区域性的时间序列（图 4-5）表明，所有区域的表面物质平衡都在逐渐减少，而东南、中东部、西北部和中西部的冰盖流泻的

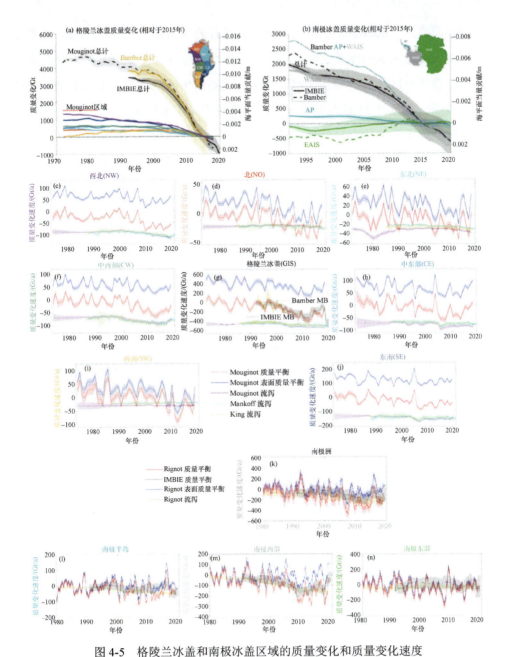

图 4-5　格陵兰冰盖和南极冰盖区域的质量变化和质量变化速度

格陵兰岛（a）和南极洲（b）不同区域主要冰流流域质量变化时间序列。（c）～（j）格陵兰岛七个地区表面质量平衡、流泻和质量变化估计。（k）～（n）南极洲及三个区域的表面质量平衡、流泻和质量变化估计（IPCC，2021），图中英文为地名

增加与入海冰川（tidewater glacier）前缘后退有关（图 4-5）。总的来说，尽管详细的区域观测记录表明冰盖的物质变化存在区域性差异，但 20 世纪 80 年代之后格陵兰冰盖所有区域的物质损失都在增加。这是由于冰盖流泻的增加和表面物质平衡的减少，并且自 21 世纪初以来冰盖的物质损失在加速。

格陵兰冰盖的融化会导致地表反照率降低，增加太阳短波辐射的吸收，从而使气温升高，进一步导致边界层稳定性减弱、逆温层减弱、大气厚度增加以及对流层低层气压升高，这有利于北极涛动/北大西洋涛动（AO/NAO）负位相的出现（蔡子怡等，2021）。此外，格陵兰冰盖融化对海洋的影响主要包括导致海平面上升、增加海洋淡水和改变温盐平衡。

### 4.4.2    南极冰盖

1993～2010 年，南极冰盖的平均物质损失速率为 97（58～135）Gt/a[相当全球海平面上升 0.27（0.16～0.37）mm/a]，并且在 2005～2010 年速率达到 147（74～221）Gt/a[0.41（0.20～0.61）mm/a]。这里的估计值包含南极洲的外围冰川。更新的资料显示，2006～2015 年，南极冰盖的平均物质损失率为（155±19）Gt/a。几乎可以确定的是，自 1992 年开始大范围观测以来，南极半岛和南极冰盖西部已经出现了冰量净损失，并且自 2006 年以来冰量物质损失在加速（Andrew et al.，2018）。

南极冰盖历史长、厚度大，能够钻取的冰芯时间序列可达几十万年之久。另外，南极冰盖远离人类活动区，冰雪体非常洁净，在其他地区不易检测的大气环境变化尤其是人类污染的某些信息能够在南极冰雪内检测到，可通过对冰/雪内气候成分及其他杂质浓度的测定和分析来进行研究。因此，南极冰芯内的气候环境记录具有信息量大、内容丰富、时间序列长、分辨率高、保真度强及可进行现代过程的定量研究等独特优势，其在全球变化研究中的重要作用将随着研究的深入、测试技术的提高和研究内容的扩大而进一步展现出来。67 个冰芯记录显示，1800～2010 年，南极洲的表面物质平衡的增长为每 10 年（7.0±0.1）Gt，而 1900 年以来则以（14.0±1.8）Gt/10a 的速度增长。1979～2000 年，南极范围内的表面物质平衡变化呈现不显著的负趋势。1992~2020 年，南极冰盖损失了 2670（1800~3540）Gt[相当于海平面上升 7.4（5.0~9.8）mm]的冰量。冰盖（包括外围冰川）的物质损失率从 1901~1990 年的 0（-36~40）Gt/a[相当于全球海平面上升 0.0（-0.10~0.11）mm/a]上升至 2006~2018 年的 192（145~239）Gt/a[相当于全球海平面上升 0.54（0.47~0.61）mm/a]。因此，1992~2020 年南极冰盖的物质一直在损失。近期南极冰盖的物质变化主要由南极西部和南极东部的威尔克斯地的变化贡献，而对于南极洲东部地区而言，其物质平衡没有显著变化。具体来说，南极冰盖的物质损失率在 1992~1999 年平均为 49（-2~100）Gt/a，在 2000~2009 年为 70（22~119）Gt/a 及在 2010~2016 年为 148（94~202）Gt/a（图 4-5）。然而，由于毛德皇后地区域冰量增加，自 2016 年以来南极冰盖的物质损失没有进一步增加。自 2000 年以来，南极西部和南极半岛的冰盖物质损失有所增加，这主要是由冰盖流泻的增加导致的。

在过去几十年中，观测到的南极冰盖的物质损失由南极西部的主要溢出冰川的物质加速损失、退缩和变薄主导着，并且这些冰量损失是较暖的海水导致的冰架融化造成的。1992~2017 年，南极西部冰盖的平均物质损失为（82±9）Gt/a，进而导致观测到的地表大幅下降，特别是在沿海地区。2000 年左右以来，南极东部托滕冰川的物质损失主要是由于沿海冰盖动力学的变化。目前尚不清楚过去 30 年南极东部冰盖的物质损失是否显著，在 1992~2017 年其物质损失为（5±46）Gt/a。总而言之，在过去几十年中，南极西部冰盖的物质损失是由溢出冰川的物质损失加速、退缩和变薄主导的，这对南极冰盖的物质损失有重要的影响，并且自 20 世纪 70 年代后期以来就是这种情况。此外，南极东部部分地区在过去 20 年冰盖物质也在减少。

通常，降雪和冰流通量是决定南极冰盖物质变化的最大因素，南极西部冰盖和南极半岛的冰流加速（动力学变薄）导致近几十年南极冰盖总的物质损失，并且部分通过增加降雪来抵消主要的动力学变薄的冰量损失。20 世纪南极冰盖东部降雪增加的估计量相当于对海平面变化贡献了（-7.7±4.0）mm，而在南极冰盖的西部则为（-2.8±1.7）mm。20 世纪 90 年代初以来，冰架变薄、冰架前缘逐渐退缩或冰架崩解可能导致支撑作用的丧失,而这与瞬时冰流加速及动力学变薄有关。这种联系在阿蒙森地区很明显,在较小程度上,在埃林斯豪森地区,被动冰架(passive shelf ice,可以在不对冰架动力学产生重大影响的情况下去除的冰)非常有限或不存在。以降雪为主的表面物质平衡变化表现出强烈的区域和时间变率。例如,据推断,20 世纪 30 年代以来南极半岛的表面物质平衡变化呈现多年代际增加,并主导了南极冰盖物质平衡的年际至年代际变化。然而,1979 年以来整个南极洲尺度上南极冰盖没有显著的表面物质平衡的变化趋势。总之,自 20 世纪90 年代初以来,观察到的南极冰盖物质损失主要与冰架变化有关。

关于冰架的变化,温暖的海水使冰架融化,导致冰架支撑作用减弱,进而造成南极冰盖西部主要的溢出冰川逐渐变薄。1978 年之后的 30 年里,阿蒙森湾的 Thwaites 冰川东部冰架变薄了 10%~33%,并且这与底部冰架融化有关。强烈的地表融水产生是冰架崩解的前兆。南极冰架底部融水量在 20 世纪 90 年代中期的(1100±150)Gt/a 和 2000 年后的(1570±140)Gt/a 之间变化,然后在2018 年降至(1160±150)Gt/a,底部融化速率随地理位置和深度的变化而强烈变化,主要受周围水温影响。总之,尽管底部融化速率显示出很大的时空变率,但主要由底部融化驱动的冰架变薄在南极沿岸普遍存在,特别是在南极冰盖西部附近尤其明显。

卫星观测表明,海冰覆盖面积和厚度的变化可以通过机械耦合或海洋分层的变化来调节南极洲周围的冰山崩解、冰架流动和冰川终点位置,从而影响底部融化。1995~2009 年,区域性的保护性海冰缓冲区(protective sea-ice buffer)的减少在南极半岛拉森 A 和 B 冰架及威尔金斯冰架的快速崩解事件中发挥了作用,这是通过暴露受损(裂隙)的外围冰架边缘以增强风暴产生的海浪导致的弯曲。冰架前没有海冰的缓冲加强了地形波,通过增加可以进入冰腔的斜压性(随深度变化)海洋热通量,增加冰架底部融化速率。总的来说,近几十年来,冰架崩解导致南极半岛北部冰盖的动力学变薄,并且尽管自 1995 年和 2002 年冰架加速崩解的 20 年以来物质损失率已经降低,但目前冰川持续的物质损失能够促使冰架崩解,这些支流冰川的流速仍比冰架崩解前高 26%。

当前，科学家针对冰盖非稳定动力过程主要关心两个方面。一是 MISI（marine ice sheet instability），指海洋性冰盖的不稳定性，其主要原因是地形因素。冰盖底部基岩沿内陆方向向下倾斜，导致接地线后退过程中冰流通量加大，物质损失增加。二是 MICI（marine ice cliff instability），指冰架崩解导致的接地线后退。冰架对陆地冰盖有支撑效应，能延缓快速冰流将冰运送至冰架。冰架的减薄和崩解会导致其支撑效应减弱，使接地线处的冰通量增大。这两种机制直接影响南极冰盖（尤其是西南极）的稳定性，以及对海平面变化的预估，因此是目前国际社会的关注热点。与地形因素直接相关的是地壳均衡调整。目前已有研究在西南极若干区域对地壳变化进行监测，同时区域和全球尺度的地壳均衡调整模拟工作也正在进行当中，主要考虑西南极物质损失和地壳均衡调整之间的相互作用关系是否与不考虑地壳均衡调整的情形有不同之处。冰架底部的海洋地形直接影响洋流，进而影响冰架底部的消融作用，因此也是目前观测的一个关注点。冰架表面水热破碎过程可以直接导致冰架裂隙的发育，引发冰架崩解，其空间分布及与冰架自身动力过程的相互联系也是引起广泛关注的一个问题。同时，在冰架的剪切地带（与接地线相接的狭窄区域），流速变化较为剧烈，冰川冰更"软"，容易破碎化，对其流速及地形变化的监测是理解冰架变化过程的一个关键点。如何准确模拟冰架破碎化及其传输过程是目前冰盖模拟当中的一大热点。另外，冰川学家和海洋学家也在寻找上新世和更新世时期，西南极地区接地线变化的地质学和冰川学证据，确认过去西南极崩塌的程度和范围，以及全新世时期西南极冰盖接地线的位置，从而为预估未来西南极可能的变化寻找参考和依据。

极区对气候变化具有放大作用。南极冰盖既可以积极响应气候变化，也可对全球气候变化起驱动作用（效存德等，2020；蔡子怡等，2021）。冰盖表面反射率的变化和冰面高度、冰盖面积的变化不仅影响南极地区气候的冷暖程度，还导致这一地区大气环流的改变，进而影响全球水汽输送格局。南极冰盖消融速率的变化除影响海平面变化外，还改变海水的成分和温度，影响洋流和蒸发，这对全球气候系统的重要影响作用是显而易见的。南极冰盖变化对气候和海洋的影响势必引发地球系统内部的一系列变化。海洋和大气之间的物质水分、其他气体和生物、化学物质和能量交换是地球生物化学循环的重要环节，南极冰盖在其中起重要作用。南极的大气成分已经受到人类活动的干扰。南极上空 $O_3$ 空洞的扩大就是该地区对全球环境恶化作出反应的最明显例证之一。南极地区上空 $O_3$ 空洞继续扩大，其直接后果是造成太阳紫外辐射水平的上升，从而对地球生物圈产生影响。

## 4.5 冻 土

冻土是指所含部分或全部间隙水已冻结的土壤或岩石的总称。冻土包括多年冻土和季节冻土（每年冻结后夏季又融化的土层）。多年冻土主要分布在高纬度的环北极地区、南极地区及中低纬度的高海拔地区。北半球约 15% 的陆地和 60°N 以北 50% 以上的未被冰川覆盖的陆地为多年冻土区。多年冻土也存在于两个半球的高纬度高山地区。多年冻土变化主要是指范围、温度和活动层厚度的变化。在全球变暖背景下，各地区冻土总体上呈现出温度上升，活动层厚度增加，冻土退化的趋势。然而，由于受到局地因素影响，各个地区冻土变化呈现出不同的趋势。

自 1980 年以来，大多数地区和监测点的多年冻土温度普遍在增暖（图 4-6），且温度已升至创纪录的高水平，这与全球变暖有关（Biskaborn et al.，2019；Romanovsky，2020）。2007～2016 年，全球极地和高山地区的多年冻土温度平均升高了（0.29±0.12）℃。2018～2019 年，在 20～30 m 深度（即季节变化最小的深度），大多数地点观测到最高的温度记录，在北美北部较冷地区的多年冻土温度比其在 1978 年的记录高出 1℃。较冷的北极地区多年冻土的温度增加速率（平均每 10 年增加 0.4～0.6℃）高于较暖（温度>–2℃）的亚极地地区多年冻土的温度增加速率（平均每 10 年增加 0.17℃）（图 4-6）。

具体来说，阿拉斯加地区年平均温度从 20 世纪 70 年代开始上升，2007 年达到最高值–9.2℃。该年几乎所有观测点的年平均温度都比 1971～2000 年要高 0.5～1.5℃；位于第二的是 1998 年。2008 年与 2007 年相比年平均温度下降了 1.1℃，但是仍然比 1991～2000 年的平均值高 1.7℃。多年冻土的温度在空间上基本与年平均温度相符，阿拉斯加不连续冻土的温度大部分高于–2℃，低于–3℃的主要分

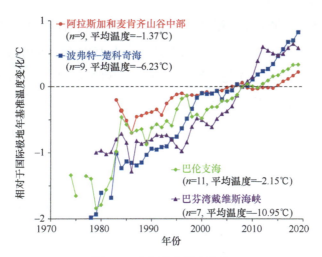

图 4-6  多年冻土温度变化

北极地区多年冻土温度（在 20～30m 深度处测量）与国际极地年（2007～2009 年）期间建立的基线的平均偏差（IPCC，2021）

布于表层植被为草丛和土壤含泥炭层的区域，在北部高海拔地区也有分布。20 m 深度的冻土层温度从北部山麓小丘的–5～–4℃降到了普拉德霍湾的–7℃以下。这些都是近些年阿拉斯加北部山丘地区冻土温度升高的证据。这与近 20 年来气温升高及表层积雪融化有密切关系。但是，这些地区的升温不是连续的。20 世纪 80 年代中期、90 年代早期及 21 世纪初期都是相对寒冷的时期，20m 厚度处的冻土层温度相对稳定，甚至有降温的趋势。但是进入 2007 年之后，阿拉斯加北部地区的 2 个观测点显示，20m 厚度的冻土层温度升高了 0.2℃。

加拿大西部的麦肯齐河走廊地区年平均温度从 20 世纪 40 年代后期到 60 年代早期一直处于下降趋势，但 60 年代后开始呈现上升趋势。观测数据显示，在过去的 25 年里不连续冻土区的年平均地温以每 10 年 0.2℃的速度上升，特别是近几年，年平均地温的增长速率与年平均气温的增长速率趋于一致。加拿大西南地区的冻土温度仍保持稳定。加拿大中部活动层厚度在 1998～2007 年以每年 5cm 左右的速度增加，说明温度呈上升趋势。加拿大东部埃尔斯米尔岛地区，15m 深度处的多年冻土温度在过去 30 年时间内以大约每年 0.1℃的速度增加，在 36m 深度处却以每 10 年 0.1℃的速度增加。在魁北克的拉洛伦矿地区，20 世纪前 50 年的时间里，先是降温，继而呈升温趋势。20 世纪 50 年代后期到 80 年代末期，又呈降温趋势，之后又升温。魁北克北部地区的冻土 1993 年开始出现明显的升温及活动层深度加厚的趋势，除此之外的其他地区 1989～1992 年都处于降温趋势，2001 年之后才开始出现升温趋势。

在俄罗斯的西伯利亚西北部地区，地表温度在 1974～2007 年呈现升高的趋势，在寒冷的冻土区升高了 2℃，而在温暖的冻土区只升高了 1℃。大多数变暖出现在 1974～1997 年，1997～2005 年很多地区的冻土温度并未发生变化，甚至有些地区呈现变冷趋势。而在 2005 年之后，低温低于–0.5℃ 的区域出现了升温趋势。

在斯堪的纳维亚地区，长时间的钻孔观测发现，20 世纪前 50 年的后期及 21 世纪初期，该区域的地温有明显的上升趋势。地温的极值时间出现在 2003 年的夏季，这与在冰岛观测的数据基本上相吻合。

在北半球高海拔地区（欧洲阿尔卑斯山、青藏高原和亚洲其他一些高海拔地区）的 20 m 深度，过去 10～30 年，多年冻土温度以每 10 年 0.3℃ 的速率升高。在南极洲，由于记录有限且时间短（大多数小于 10 年）趋势不明显。在这些山区，还观察到多年冻土的变暖可能与岩石冰川复合体的不稳定性和加速退化有关。山区多年冻土温度趋势是不同的，反映了地形、地表类型、土壤质地和积雪等局地条件的变化。但同样地，在接近 0℃ 的温度下，在较暖的多年冻土中观察到的升温速率通常较弱，特别是当冰含量较高时。多年冻土中的地下冰含量是变化的，在同生的多年冻土沉积物中高达 90%。地球多年地下冰总含量估计等效于全球海平面的 2～10 mm。此外，过去 10 年，高纬度高山区的多年冻土退化增加了山坡的不稳定性。

季节性冻土是指冬天冻结而夏天融化的岩土层，它包括多年冻土区的活动层和非多年冻土区的土壤季节性冻结层。季节冻土在寒区和冷季起着至关重要的作用，因为在季节性冻土中发生着大部分生态、水文、生物化学和成土过程。活动层是指多年冻土以上的土层，其在夏天融化而在冬天再冻结。自 20 世纪 90 年代以来，许多高纬度地区的站点观测表明，活动层厚度（多年冻土上方的季节性冻土层）呈增加趋势。活动层厚度变化趋势的评估由于其具有很大的年际变率而变得复杂。例如,在 1998 年极端暖的一年中,北美西北部的活动层厚度比往年要高。尽管活动层厚度在接下来的几年中有所下降,但自 20 世纪初以来普遍再次上升。然而,一些站点由于伴随着富含冰的多年冻土的融化而发生地面沉降,活动层厚度几乎没有变化。21 世纪,欧洲和俄罗斯北极地区的活动层厚度出现了大规模的增长。在欧洲和亚洲的高海拔地区,自 20 世纪 90 年代中期以来,活动层厚度有所增加。自 2006 年以来,南极洲的有限和较短的记录显示出明显的年际变化,并且没有明显的趋势,一些站点观测也表明活动层厚度呈现相对稳定或下降。

多年冻土是全球巨大的碳汇,北极和北方多年冻土中富含大量有机碳,约储存有机碳 1460～1600 Pg,相当于大气碳含量的 2 倍。多年冻土对变暖异常敏感。随着全球变暖和多年冻土退化,大量有机碳可能释放到大气中,从而严重威胁全球气候系统(效存德等,2020)。气候变暖导致多年冻土退化,从而增加了活动层和新形成的融区中的有机物质含量,使原来冻结在多年冻土中的碳暴露在地-气间的碳循环过程,经微生物降解而释放温室气体到大气中,增加大气中温室气体含量,从而进一步增强气候变暖趋势,形成对气候变化的正反馈效应。当全球温升超过 2℃时,北极夏季无冰概率和多年冻土解冻范围将大大增加。海冰退缩后在适宜的气候条件下尚可再生,但多年冻土在全球温升达到 3℃时有可能彻底崩溃、不可恢复,而且大量的有机碳排放在一定程度上加剧温室效应,给全球气候系统造成致命性灾难(苏勃等,2019)。多年冻土解冻、地下冰流失,加上冰川退缩导致地表塌陷、热融湖广泛发育,深刻影响着地表生态系统和社会基础设施;多年冻土退化和积雪、河/湖冰退缩还将改变极地水文系统和野火发生强度和频率,增强海岸侵蚀作用,进而对动植物生长及生态系统产生影响。

# 参 考 文 献

蔡子怡, 游庆龙, 陈德亮, 等. 2021. 北极快速增暖背景下冰冻圈变化及其影响研究综述. 冰川冻土, 43(3): 902-916.

秦大河, 任贾文, 效存德. 1995. 揭示气候变化的南极冰盖研究新进展. 地理学报, 50(2): 178-184.

秦大河. 2018. 冰冻圈科学概论(修订版). 北京: 科学出版社.

苏勃, 高学杰, 效存德. 2019. IPCC "全球 1.5℃增暖特别报告" 冰冻圈变化及其影响解读. 气候变化研究进展, 15(4): 395.

效存德, 苏勃, 窦挺峰, 等. 2020. 极地系统变化及其影响与适应新认识. 气候变化研究进展, 16(2): 153.

张廷军. 2021. 全球多年冻土与气候变化研究进展. 第四纪研究, 32(1): 27-38.

Andrew S, Erik I, Eric R, et al. 2018. Mass balance of the Antarctic ice sheet from 1992 to 2017. Nature, 558(7709): 219-222.

Biskaborn B K, Smith S L, Noetzli J, et al. 2019. Permafrost is warming at a global scale. Nature Communications, 10(1): 264.

Bliss A C, Miller J A, Meier W N. 2017. Comparison of passive microwave-derived early melt onset records on Arctic sea ice. Remote Sensing, 9(3): 199.

Brown R D. 2000. Northern Hemisphere snow cover variability and change, 1915-1997. Journal of Climate, 13(13): 2339-2355.

Brown R, Schuler D V, Bulygina O, et al. 2017. Arctic terrestrial snow cover//Forsius M, Olsen M, Kalhok S, et al. Snow, Water, Ice and Permafrost in the Arctic (SWIPA). Oslo, Norway: Arctic Monitoring and Assessment Programme (AMAP): 25-64.

Connolly R, Connolly M, Soon W, et al. 2019. Northern Hemisphere snow-cover trends (1967-2018): A comparison between climate models and observations. Geosciences, 9(3): 135.

Hori M, Sugiura K, Kobayashi K, et al. 2017. A 38-year (1978-2015) Northern Hemisphere daily snow cover extent product derived using consistent objective criteria from satellite borne optical sensors. Remote Sensing of Environment, 191: 402-418.

Hugonnet R, McNabb R, Berthier E, et al. 2021. Accelerated global glacier mass loss in the early twenty-first century. Nature, 592(7856): 726-731.

IMBIE Consortium. 2020. Mass balance of the Greenland ice sheet from 1992 to 2018. Nature, 579(7798): 233-239.

IPCC. 2021. Climate Change 2021: The Physical Science Basis//Contribution of Working Group I to the Sixth Assessment Report of the Intergovernmental Panel on Climate Change. Cambridge, United Kingdom and New York, NY, USA: Cambridge University Press.

King M D, Howat I M, Jeong S, et al. 2018. Seasonal to decadal variability in ice discharge from the Greenland Ice Sheet. The Cryosphere, 12(12): 3813-3825.

Kunkel K E, Robinson D A, Champoin S, et al. 2016. Trends and extremes in Northern Hemisphere snow characteristics. Current Climate Change Reports, 2: 65-73.

Maksym T. 2019. Arctic and antarctic sea ice change: Contrasts, commonalities, and causes. Annual Review of Marine Science, 11(1): 187-213.

Mortin J, Svensson G, Graversen R G, et al. 2016. Melt onset over Arctic sea ice controlled by atmospheric moisture transport. Geophysical Research Letters, 43(12): 6636-6642.

Mudryk L, Santolaria-Otin M, Krinner G, et al. 2020. Historical Northern Hemisphere snow cover trends and projected changes in the CMIP6 multi-model ensemble. The Cryosphere, 14(7): 2495-2514.

Romanovsky V E. 2020. The Arctic: Terrestrial permafrost [in "State of the Climate in 2019"]. Bulletin of the American Meteorological Society, 101(8): S265-S269.

Spreen G, de Steur L, Divine D, et al. 2020. Arctic sea ice volume export through Fram Strait from 1992 to 2014. Journal of Geophysical Research: Oceans, 125(6): e2019JC016039.

Spreen G, Kwok R, Menemenlis D. 2011. Trends in Arctic sea ice drift and role of wind forcing: 1992-2009. Geophysical Research Letters, 38(19).

Wouters B, Gardner A S, Moholdt G. 2019. Global glacier mass loss during the GRACE Satellite Mission (2002-2016). Frontiers in Earth Science, 7: 69.

Zemp M, Huss M, Eckert N, et al. 2020. Brief communication: Ad hoc estimation of glacier contributions to sea-level rise from the latest glaciological observations. The Cryosphere, 14(3): 1043-1050.

Zemp M, Huss M, Thibert E, et al. 2019. Global glacier mass changes and their contributions to sea-level rise from 1961 to 2016. Nature, 568(7752): 382-386.

# 第5章
# 海洋变化

　　海洋覆盖地球 71% 的表面，包含地球 97% 的水，供应地球上 99% 的生物宜居空间，并提供地球上约 50% 的初级生产力。海水的比热容远大于大气与陆地表面，因此海洋吸收了超过 90% 因温室效应产生的额外能量，导致海洋温度和热含量变化。全球变暖和全球冰量变化影响全球平均海平面的变化。大尺度水循环和环流的变化则导致海洋盐度和层结的变化。大气–海洋交换的 $CO_2$ 引起海洋酸碱度（pH）的下降，海洋变暖导致海洋溶解氧/氧含量的损失。而海洋翻转环流则重新分配了海洋内的热量、碳、氧和盐度。与此同时，海洋是全球气候变化的主要调节器，在地球气候系统的变化中发挥着重要作用。相对于大气而言，海洋有缓变的特性，因而成为全球气候变化的主要"记忆体"，调节着全球包括中国的季节到千年时间尺度上的气候状况。本章将结合最新的评估结果，主要介绍海洋温度和热含量、海洋盐度和层结、海平面变化、海洋环流及海洋酸化与脱氧的相关变化和影响的最新进展。

# 5.1 海洋温度和热含量

## 5.1.1 全球海表面温度

20 世纪以来，温室气体不断排放并积累在大气中，导致地球表面出现能量收支的不平衡，地球表面的净热辐射通量使得气候系统有净的能量摄入。由于海洋的热容量是大气热容量的 1000 倍，因此这些能量的 90%以上存储在海洋中，表现为海洋增暖。自 IPCC AR5（IPCC，2013）以来，对观测记录中近期海表温度偏差认识的改进，特别是将基于浮标的观测扩展到基于船舶的观测，以及对海冰处理方法和技术的改进等，对全球平均地表温度（GMST）、全球地表平均气温（GSAT）和海洋表面温度（SST）等关键气候变化指标产生了重要影响。IPCC AR6 最新的评估结果表明，从 1850～1900 年到 2011～2020 年，全球 SST 升高了 0.88℃（0.68～1.01℃），其中 0.60℃（0.44～0.74℃）是自 1980 年以来发生的（图 5-1）（IPCC，2021）。自 20 世纪 50 年代以来，海表面变暖发生最快的地区是印度洋和

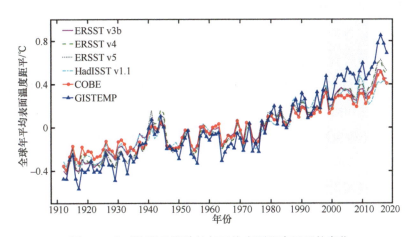

图 5-1　全球海洋及海陆的年平均表面温度距平的变化

ERSST v3b、ERSST v4、ERSST v5、HadISST v1.1 和 COBE 均为全球年平均 SST 距平变化曲线。GISTEMP 为全球年平均海陆气温（250km 平滑）距平变化曲线。距平的背景时间段为 1910～2018 年。灰色阴影部分为 1998～2012 年全球变暖"减缓"期间

西边界流，而海洋环流导致南大洋、赤道太平洋、北大西洋和沿海上升流系统表面缓慢变暖或变冷（很高信度）。

1998~2012 年，在温室气体浓度持续上升的背景下，全球平均 SST 出现了上升速度减缓的特征，即所谓的"全球变暖减缓"（Hiatus）。在此期间，全球平均 SST 的升温趋势为 0.05（−0.05±0.15）℃/10a，远低于 1979 年以来全球气候的快速变暖趋势。变暖减缓期间，太平洋和大西洋区域出现了强烈的温度异常信号，其中赤道东太平洋出现显著的降温过程（几乎确定），而北大西洋呈现变暖趋势。这种温度上升速度减缓现象可能与平流层水汽变化、火山爆发、温室气体排放等过程导致气候系统所吸收的净热辐射通量减少有关。同时，气候系统自然变率如太平洋年代际振荡（PDO）负位相和大西洋经向翻转环流（AMOC）正位相也可以引起 SST 的减缓特征。目前，对于全球变暖减缓的成因和具体的动力学机制仍存在争议，但是已经非常确定变暖减缓是源于气候系统的内部变率。

### 5.1.2 全球海洋热含量

海洋热含量（OHC）主要是指海洋上层一定深度（如上层 2000 m）的热量，是描述海洋水体热量变化的一个重要指标，其变化是全球气候变化最核心和稳健的指标之一。尽管有些数据在不同程度上依赖于来自海洋气候模式的信息，但是新的基于观测的 OHC 数据提升了对现有 OHC 的直接和间接估计。直接估计得益于偏差订正方法和插值方法的改进及不确定性来源认识的提高（包括源自强迫和内在海洋变率的不确定性）。自 2006 年以来，对上层 2000 m OHC 的直接估计得益于 ARGO 计划，其覆盖范围为 60°S~60°N。间接估计则包括自 2003 年以来从卫星测高和重力测量推断出的 OHC，以及从观察到的海表面温度异常推断出的百年时间尺度上被动吸收的 OHC 等。

随着 ARGO 计划的实施，海洋数据的观测范围和数据质量都有了较大的提升，各种数据集之间的偏差显著减小。自 2006 年以来，已有的多种数据对上层 2000 m 海洋变暖速率估计值的一致性有所提高。研究表明，至少从 1970 年开始，全球 OHC 有所增加。1971~2018 年，OHC 增加了 $2.8 \times 10^{23}$~$5.5 \times 10^{23}$ J（图 5-2）。

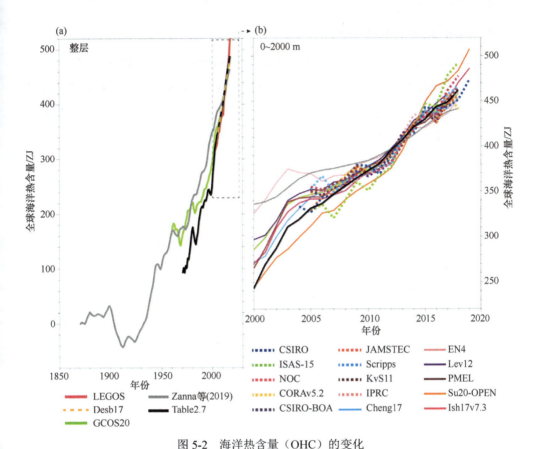

**图 5-2  海洋热含量（OHC）的变化**

（a）1871～2019 年海洋整层 OHC 的变化；（b）同（a），但为 2000～2019 年 0～2000 m 海洋 OHC 的变化（IPCC，2021）。1ZJ=$10^{21}$J

进一步研究证实，虽然不确定性很大，但 1993 年之后，特别是自 2010 年以来，上层 2000 m OHC 变化速率是有所增加的。全球海洋上层 2000 m 变暖在 20 世纪 90 年代后出现加速趋势（很可能）：1993～2017 年全球海洋上层 2000 m 变暖速率为（0.63±0.16）W/m²，而 1969～1993 年上层 2000m 变暖速率仅为（0.26±0.14）W/m²（Cheng et al., 2019）。因此，自 1993 年以来海洋变暖速率至少是 1993 年之前的 2.3 倍。基于观测数据估算全球海洋上层 2000 m 的热含量在 2005～2017 年上升速率为 0.64～0.68W/m²。当前的几十年到百年的 OHC 增速高于自末次冰消期以来的任何时候（中等信度）。归因结果进一步指出，人为强迫极有可能是 1970

年以来 OHC 增加的主要驱动力。

OHC 的变化存在不同的空间分布形态（秦大河和翟盘茂，2021）。在垂向上，由于受到风搅拌的作用，全球海洋上混合层（大约 100 m 以上）的热含量变化基本与海表面温度变化趋势一致，呈现振荡上升的趋势，其中也同样出现了 1998～2012 年上升趋势减缓及随后加速变暖的现象。但是 100～2000 m 的全球 OHC 持续上升，体现了海洋吸收气候系统中的热量并逐渐变暖的长期趋势。由于 ARGO 浮标不能观测 2000 m 以下的海洋，因此深层海洋的变化趋势仍然依赖于有限的船载观测数据。但几乎可以肯定的是，自 1971 年以来，海洋表层（0～700m）已经变暖。2006 年以来，中等深度（700～2000 m）的海洋很可能出现变暖。1992 年以来，2000m 以下的海洋可能变暖。在年际和年代际的时间尺度上，海洋环流对热量的重新分配主导了温度变化的空间模态（高信度）。在更长的时间尺度上，空间模态主要由储存在南大洋形成的水团中的额外热量及北大西洋较弱的变暖所主导（高信度）。

海洋变暖会引起一系列严峻后果，包括推升全球海平面，降低海洋 $CO_2$ 吸收效率，增加海洋热浪、强台风/飓风的发生概率等，对人类活动和生态系统有重要影响。海洋变暖也可通过海表热通量的形式与大气相互作用来影响区域与全球气候变化。

### 5.1.3　海洋热浪

海洋热浪（marine heatwaves，MHW）是相对于长期平均季节性周期而言海水温度异常高且持续数日至数月的现象，它可在海洋中任何地方出现，尺度可达数千公里，能对海洋生态系统造成严重和持续的影响（Hobday et al.，2016）。气候变化中的海洋和冰冻圈特别报告（IPCC，2019）确定在过去几十年中所有流域都发生了 MHW，证明所有盆地和边缘海域广泛发生 MHW 的其他证据在持续积累。IPCC 在 2019 年发布的《气候变化中的海洋和冰冻圈特别报告》（SROCC）强调了大尺度气候变率模态在放大或抑制 MHW 事件中的作用。MHW 在 1982～2016 年具有以下变化。强度增强：强度每 10 年增加 0.04℃；范围增大：空间范围每 10 年增加 19%；发生天数增多：与 1925～1954 年相比，1987～2016 年每年 MHW 天数增加 54%。MHW 在 20 世纪变得更加频繁（高信度）。自 1980 年以来，其频率大约翻了一番（高信度），并且变得更加强烈，持续性也更强（中等信度）（图 5-3）。研究表明，MHW 受到厄尔尼诺（El Niño）事件、气候模态变率[太平洋年代际振荡（PDO）、大西洋多年代际振荡（AMO）、印度洋偶极子模态（IOD）、北太平洋涛动（NPO）和北大西洋涛动（NAO）]和北极海冰的影响。通过归因研究发现，2006～2015 年 84%～90%的 MHW 很可能归因于人为温度的增加。

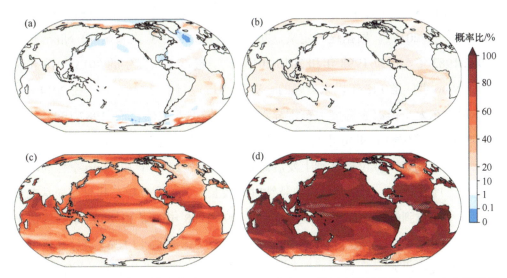

图 5-3　两种不同温室气体排放情景下 1985～2014 年与 21 世纪末海洋热浪（MHW）观测和模拟的概率比（相对于工业化前时代，每年 MHW 天数增加的比例）

（a）1985～2014 年卫星观测的 MHW 概率比；CMIP6 模拟的 1985～2014 年（b）、SSP1-2.6 情景下 2081～2100 年（c）和 SSP5-8.5 情景下 2081～2100 年（d）的多模式平均概率比。（d）中带有灰色斜线的区域表示永久 MHW 区域（每年有超过 360 天的 MHW）（IPCC，2021）

海洋热浪对于海洋生物和生态结构起到关键作用。在过去 20 年，MHW 严重影响了所有海域海洋生态系统和生态服务。自 SROCC 以来的研究证实，MHW 可能对海洋生态系统造成了严重和持续的影响，包括珊瑚白化在内的底栖生物群落的大规模死亡、浮游植物水华的变化、物种组成和地理分布的变化、有毒藻类大量繁殖导致的渔业捕捞和海水养殖减少。同时，与气象上的高温热浪不同，MHW 可以延伸数百万平方公里，持续数日至数月，并发生在海表下（Cai et al.，2017）。海洋热浪还可以通过大气遥相关影响陆地区域的干旱、强降水和高温热浪事件，而这些极端天气气候事件也会影响陆地上的生态系统、人体健康和社会经济。

### 5.1.4　极端 El Niño 事件和 IOD 事件

有研究将赤道西太平洋暖池的东移及其引起的大气对流发展，并且赤道东太平洋 Niño 3 区 11 月至次年 2 月降水强度大于 5mm/d 定义为极端 El Niño 事件（Cai et al.，2017）。根据这一定义，20 世纪以来共有 3 次极端 El Niño 事件（1982/1983 年、1997/1998 年和 2015/2016 年）。最近 1 次发生的 2015/2016 年极端 El Niño 事件是 145 年以来最强的一次 El Niño 事件。这次事件是在 2014 年 5 月赤道中东太平洋海表温度大范围异常基础上发展而来的，而 1982/1983 年和 1997/1998 年超强 El Niño 事件的前期没有出现类似的增暖特征，甚至是在赤道中东太平洋 ENSO 冷位相基础上发展而来的。2015/2016 年 El Niño 事件的峰值出现在 11～12 月，从前期到峰值持续时间较长，为 19 个月，其海温异常在赤道中太平洋达到峰值。而 1982/1983 年和 1997/1998 年的强 El Niño 事件峰值出现在 1～2 月，从开始至峰值历时 8 个月。2015/2016 年强 El Niño 事件导致世界许多地区发生洪水，如美国西海岸和北美洲其他地区、南美洲靠近阿根廷和乌拉圭的部分地区、英国和中国等；同时，许多地区遭受干旱，如印度尼西亚、澳大利亚、亚马孙地区、埃塞俄比亚、非洲南部和欧洲等。与此同时，2020～2022 年发生了 21 世纪以来首次"三重"拉尼娜（La Niña）事件。在这之前，分别在 1954～1956 年和 1973～1975 年发生过"三重"拉尼娜事件。通常来讲，受拉尼娜事件影响，热带地区气候易受到显著影响，可能会导致南美的粮食歉收等。而北半球极端冷事件的发生频率会增加。其中，中国中东部大部分地区气温偏低的概率会高。

IOD 是热带太平洋年际变化的主要模态之一。新的历史海洋热含量估计显示，

1998 年之后，印度洋上层 700m 的 OHC 急剧增加，尽管仅占全球海洋面积的 12% 左右，但占全球海洋热量增加的 21%以上。同时，热带印度洋西部观测到的海温趋势大于东部，这导致 IOD 指数有明显的上升趋势，但这种趋势在统计上并不显著。赤道纬向海温梯度的这种类似 IOD 的正变化表明极端正 IOD 事件频率和强度增加，但目前的 IOD 变化范围并非史无前例。

极端 ENSO 和 IOD 事件的增加对全球部分地区的自然和人类系统有广泛的影响。除了引起降水变化和影响热带气旋外，极端 ENSO 事件还会对海洋生态系统和冰川的变化产生影响；同时，通过影响物理变化来对人体健康、农业生产、食品安全和经济等产生影响。伴随着极端 El Niño 事件，极端正 IOD 事件会显著影响亚洲和非洲季风，从而影响这些区域的食品安全和水安全；同时，极端负 IOD 事件对东非降水量会产生巨大的气候影响，如 2016 年索马里、埃塞俄比亚和肯尼亚超过 1500 万人遭受毁灭性干旱、粮食危机和饮用水不安全事件。

## 5.2 海洋盐度和层结

### 5.2.1 海洋盐度

海洋盐度是指海水中全部溶解的固体物质与海水重量之比，可用来表示海水中盐类物质的质量分数。盐度和温度决定了海水的密度，密度稍大的海水也会下沉到密度较小的海水之下，因而海洋密度又是驱动海洋洋流的重要因素（Du et al.，2019）。1950～2010 年太平洋北部和西部暖池近地表盐度减小与亚热带大西洋盐度最大值增加的趋势加强了洋盆间的对比（图 5-4）。有迹象表明，大西洋的亚极地淡化和亚热带盐化至少可以追溯到 1896 年。近几十年来，基于 ARGO 浮标和海洋再分析的新观测结果可以得到，近地表盐度差异的全球模态变化与水文循环加剧广泛相关。然而，观测技术的不断变化、采样的时间和空间不均匀、插值算法中的不确定性、自然变率模态及年际尺度海洋环流过程的影响，使得评估变得复杂。最新的分析填补了观测缺失，得出 1950～2019 年近海表高和低盐度区域之间的平均盐度差异增加了 0.14（0.07～0.20）的结论。

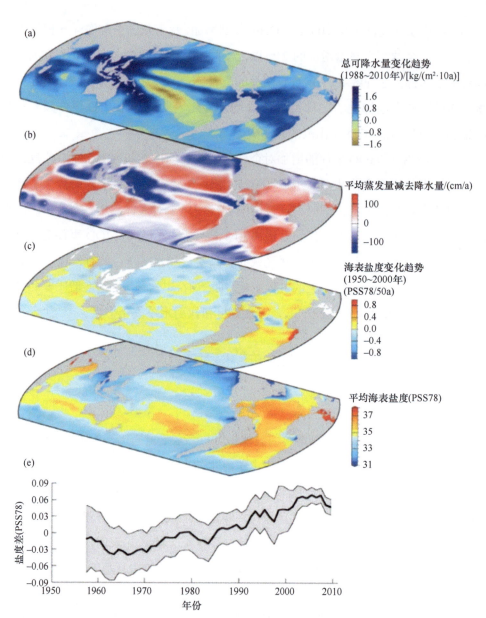

图 5-4  海表面盐度的变化与蒸发量减去降水量（*E–P*）和总可降水量的趋势有关

（a）基于卫星观测的 1988～2010 年总可降水量的变化趋势；（b）基于气象再分析数据的 1979～2005 年气候平均
蒸发量减去降水量；（c）1950～2000 年海表面盐度趋势（实用盐标 PSS78/50a）；（d）气候平均地表盐度（PSS78）；
（e）海表面盐度大于全球平均海表面盐度（"高盐度"）的区域平均盐度与低于全球平均值（"低盐度"）区域
的平均盐度之间的全球差异（IPCC，2013）

因此，20 世纪 50 年代以来，海洋盐度变化表现为蒸发量大于降水量的副热带海域海水变得更咸，而降水量大于蒸发量的热带和极区海水变得更淡；高盐度和低盐度区域的表层海水盐度差异增加是几乎确定的。同时，洋盆间的差异，如表层高盐度的大西洋和表层低盐度的太平洋之间的差异很有可能是增加的。

### 5.2.2　海洋层结

不同深度变暖的差异导致海洋层结加强。根据最近对现有观测结果的精细分析，现在评估全球 0～200 m 分层增加到 IPCC（2019）给出的 2 倍左右，1970～2018 年增加了（4.9%±1.5%）（高信度），甚至在表面混合层的底部增加得更多。至少自 1970 年以来，全球大部分地区海洋上层的分层变得更加稳定，这主要是海洋表面升温和高纬度海洋表面的海水淡化所导致的（很高信度）。海洋稳定性的变化能影响表层水与深海的垂直交换和大范围的海洋环流。

虽然 IPCC（2013，2019）没有评估混合层深度的变化，但报告的分层变化可以通过通量和动力混合（风、潮汐、波浪、对流）之间的平衡来调节表层混合层深度。新的证据表明，1970～2018 年，全球夏季混合层深度以每 10 年（2.9%±0.5%）的速度持续加深，其中在南大洋观测到的深度最大，对应于每个区域每 10 年 3～15 m 的速度整体加深。虽然冬季的观测记录比夏季更短，无法可靠地评估全球冬季混合层的变化趋势，但在个别长期的中纬度监测点，冬季混合层深度以每 10 年 10m 的速度加深。层结的加强通常会导致表层水变暖、深层水的氧含量下降、海洋上层的海洋酸化加剧。

## 5.3　海平面变化

### 5.3.1　全球平均海平面

海平面变化是全球气候变化的重要指标之一。从全球尺度来看，全球平均海平面变化主要是海洋密度变化（由海水温度和盐度变化引起）和冰冻圈或陆地储水量变化导致的海洋质量交换（如冰川融化、降水、径流和蒸发等）引起的。

海洋密度变化引起的海平面变化包括如下内容。

（1）海洋升温引起的海平面变化（热比容海平面变化，thermosteric sea-level change，俗称热膨胀）：温度升高会降低海洋密度并增加每单位质量的体积。

（2）海洋盐度引起的海平面变化（盐比容海平面变化，halosteric sea-level change）：更高的盐度导致更高的密度并减小单位质量的体积。

冰冻圈或陆地储水量变化引起的海洋质量变化包括如下内容。

（1）格陵兰冰盖和南极冰盖是最大的冷冻淡水水库，因此可能是海平面上升的最大贡献者。冰盖体积的波动是升华、地表和基底融化及冰山崩塌造成的积累（在冰盖表面或冰架底部）和损失之间的不平衡导致的。

（2）冰川通过质量增加和损失过程之间的不平衡导致海平面变化。在这过程中，冰川的几何形状发生变化的时长称为响应时间，从几年到几百年不等。冰川融水并非全部立即流入海洋，它可以重新冻结、供给河流、蒸发或储存在（冰河期）湖泊或封闭盆地中。

（3）陆地储水量的变化（包括地表水、土壤水分、地下水储量和雪，但不包括储存在冰川和冰盖中的水），引起储水量变化的原因有以下两点。①人类对水循环的直接干预：通过在河流中建造水坝将水储存在水库中，提取地下水用于消费和灌溉，或砍伐森林。②气候变化：湖泊和湿地、树冠、土壤、多年冻土和积雪中水量的变化，气候变化引起的陆地蓄水量变化可能间接受到人为影响。

20世纪全球平均海平面（GMSL）的上升速度比过去3000年中的任何一个世纪都要快（高信度），在1901～2018年上升了0.20（0.15～0.25）m（高信度）（图5-5）。20世纪60年代后期，GMSL上升速度加快，1971～2018年的平均增长速率为2.3（1.6～3.1）mm/a，在2006～2018年增加到3.7（3.2～4.2）mm/a（高信度）。自IPCC（2019）以来发布的基于观测的新估计指出，1901～2018年评估的海平面上升与各个组成部分的总和一致。其中，虽然海洋热膨胀（38%）和冰川质量损失（41%）主导了 1901~2018 年的总变化，但冰盖质量损失有所增加，占 2006~2018 年海平面上升的 35%（高信度）。

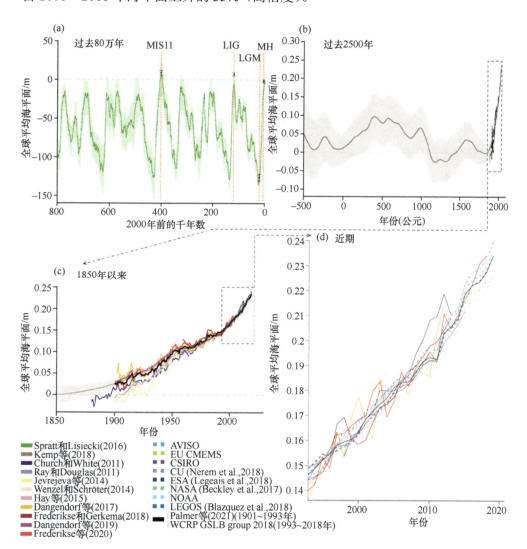

图 5-5　全球平均海平面的变化

（a）基于过去 80 万年的冰芯氧同位素分析重建的海平面变化；（b）基于过去 2500 年一系列代用资料重建的海平面变化，19 世纪后期以来叠加了直接观测的记录；（c）1850 年以来基于潮位计和最近基于高度计估计的海平面变化；（d）基于潮位计和高度计观测的近期海平面变化（IPCC，2021）。MIS11 表示海洋氧同位素第 11 阶段

在洋盆尺度上，1993～2018 年，西太平洋海平面上升最快、东太平洋最慢（中等信度）。海平面的区域差异源于海洋动力学，即陆冰和陆水变化引起的地球重力、自转和变形的变化，以及垂直陆地运动。海洋动力学的时间变率主导着年际到年代际时间尺度的区域模态（高信度）。

海平面的长期变化中叠加有明显的年际和年代际波动，年际/年代际波动在某个时段内会减缓或加速海平面的上升趋势。研究结果显示，全球很多验潮站的海平面数据存在 60 年左右的周期信号。海平面的年际/年代际变化与 ENSO、PDO、IOD、北极涛动（AO）、南极涛动（AAO）等低频海洋水文气象现象相关，并且呈现的相关性存在区域性差异。

海平面上升会使沿海地区灾害性的风暴潮等极端事件发生更为频繁，如洪涝灾害加剧、沿海低地和海岸受到侵蚀、海岸后退、滨海地区用水受到污染、农田盐碱化、潮差加大、波浪作用加强、减弱沿岸防护堤坝的能力，还将加剧河口的海水入侵、破坏生态平衡等。

### 5.3.2　极端水位

极端水位是由综合短期现象（如风暴潮、潮汐和海浪）引起的异常低或异常高的局部海平面高度。相对海平面变化通过改变平均水位直接影响极端水位，并通过调节潮汐、波浪和潮汐传播的深度间接影响极端水位。极端水位可能会受到天气系统频率、轨迹或强度等变化的影响。极端静止水位是指相对海平面变化、潮汐和风暴潮的综合贡献。区域水位变化一直是 20 世纪准全球潮汐测量网络中极端静止水位变化的主要驱动力（高信度），并在 21 世纪将成为极端静止水位频率大幅增加的主要驱动力（中等信度）。观测表明（IPCC，2019），1960～1980 年每年发生 5 次的高潮洪水事件，在 1995～2014 年平均每年发生 8 次以上（高信度）（图 5-6）。

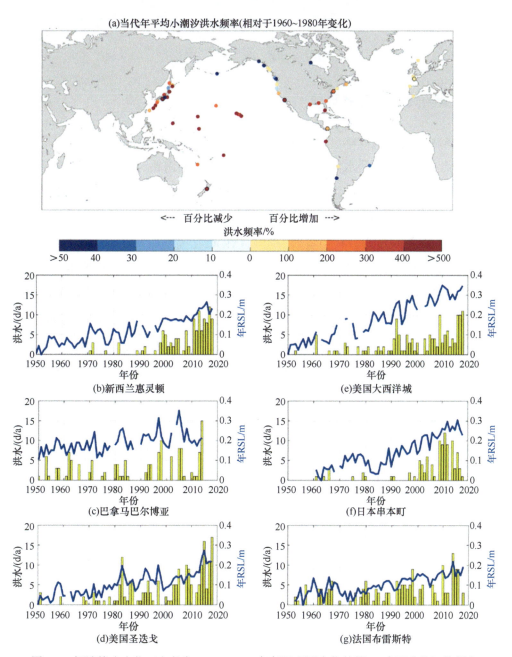

图 5-6 极端静止水位（定义为 1995～2014 年每日观测水位的第 99 个百分位）的频率

（a）1995～2014 年洪水频率相对于 1960～1980 年洪水频率的百分比变化；（b）～（g）6 个选定潮位计位置的年参照海平面（RSL）（蓝色）和 1995～2014 年第 99 个百分位日最大值（黄色）的极端静止水位的年发生频率（IPCC，2019）

# 5.4 海 洋 环 流

## 5.4.1 大西洋经向翻转环流

大西洋经向翻转环流（AMOC）是南大西洋和北大西洋的重要洋流系统。AMOC 将海洋上层的暖水向北输送，并将深层冷水向南输送，是全球海洋环流系统的一部分，如果它发生中断就属于气候变化突变。AMOC 量值是各深度层或密度层上质量输送量的纬向（东—西）之和。

在千年时间尺度上，代用资料表明，AMOC 在强度和垂直结构上不断变化。在末次冰期，特别是在末次冰盛期，估计的 AMOC 比现在更弱，尽管关于减弱的幅度及这种变化是否与较弱的翻转有关仍然存在争议。有迹象表明，AMOC 的显著变化与冰川期的气候突变有关，包括丹斯果–奥什格尔（Dansgaard-Oeschger）事件和哈因里奇（Heinrich）事件（70～14ka）。在这些千年尺度的振荡中，减弱的 AMOC 与北半球的急剧降温和南半球的变暖有关，而相反的半球变化伴随着增强的 AMOC。在大约 8 ka 的劳伦泰德冰盖（Laurentide Ice Sheet）最终消亡后，与之前的 10 万年相比，AMOC 的平均整体强度在整个全新世的其余部分相对稳定。然而，有迹象表明，在全新世和过去的间冰期期间，AMOC 发生了阶段性变化。在过去的 3000 年中，有迹象表明，AMOC 的变化可能与拉布拉多海水（LSW）的减少有关。LSW 是组成 AMOC 的水团之一。

对于 20 世纪，因为重建和模拟 AMOC 的变化在定量趋势上的一致性较低，所以 AMOC 变化的信度较低（图 5-7）。低信度还源于新的观察结果，这些结果表明模型和用于推算代用资料的测量中缺少关键过程，以及对模拟 AMOC 变率的新评估。结合当代观测、气候模拟和古气候资料重建结果，可以发现，自工业化革命以来，AMOC 呈现出减弱的趋势（中等信度）。然而，由于资料的缺乏，目前尚不能给出定量化的结论。20 世纪 AMOC 的减弱可能与格陵兰冰盖的融化有关。2000～2010 年，无法区分直接观察到的 AMOC 减弱是年代际变化还是长期趋势

（高信度）。对于所有 SSPs 情景，AMOC 很可能在 21 世纪下降，在 2100 年之前下降不会突然崩溃（中等信度）。

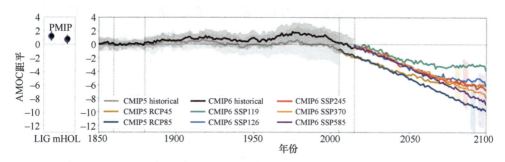

图 5-7　CMIP5 和 CMIP6 模拟集合中 35°N，1000 m 深度多模式平均 AMOC 距平

AMOC 一旦发生显著的减弱，可能引发欧洲冬季风暴增加、大西洋热带气旋减少、北美东北沿海区域海平面上升、欧洲北部降水增加、欧洲南部降水减少等。海洋上层的分层会影响海洋的含氧量、可利用的营养物质，以及净生产力，将导致北太平洋海洋生物产量减少。目前，有关 AMOC 的减弱对农业、经济和人类健康的影响还需要开展更深入的研究。

### 5.4.2　西边界流和洋盆间交换

西边界流是南赤道流和北赤道流把海水输运到大洋西海岸堆积而产生的海流，是由较大的海面坡度维持的。通过使用 1993～2018 年遥感数据的间接方法得出了副热带/亚极地环流以每 10 年（0.1°±0.04°）的速度纬度偏移。直接观察显示，西边界流向极地移动。然而，相关结果不支持西边界流的增强，也不支持黑潮、墨西哥湾流、厄加勒斯和东澳大利亚洋流的减弱、扩大或变化不大。墨西哥湾流最近逆转了长期的向极地移动。西边界流强度和位置的多年代际变化及较短的直接观测使得无法检测其长期趋势。

1990～2015 年，太平洋与北冰洋通过白令海峡的交换，从 0.8 Sv 增加到 1.0 Sv，在北极与全球海洋的总交换中起着次要作用。对于大西洋–北极交换，20 世纪 90 年代中期以来，从北大西洋穿过格陵兰–苏格兰海脊流入北极的大西洋主要支流一直保持稳定，只有冰岛北部的较小通道的大西洋水流在 1993～2018 年显示出加强的趋势，但是 20 世纪 90 年代相关的热传输也加强。20 世纪 90 年代中期到 21 世纪 10 年代中期，北极外流大体保持稳定。印度尼西亚贯穿流（ITF）的热量和质量传输在季节到年代际时间尺度上表现出很大的变率。南大洋环流变化没有迹象表明南极绕极环流的输运变化，而且南极绕极环流的平均经向位置近几十年不太可能向南移动。

总之，在过去的 3～4 年中，西边界流强度变化很大（高信度）。自 1993 年以来，西边界流和亚热带环流已经向极地移动（中等信度），与副热带环流向极地移动相一致。20 世纪 90 年代至 21 世纪 10 年代中期，北冰洋与其他海洋盆地的净流量交换保持稳定（高信度）。自 1980 年以来，印度尼西亚贯穿流显示出强大的多年代际尺度变化，这一点具有很高的可信度。同时，在四个东边界上升流系统中，只有加利福尼亚洋流系统自 20 世纪 80 年代以来经历了一些大规模的有利于上升流的风力增强（中等信度）。

## 5.5　海洋酸化、脱氧

### 5.5.1　海洋酸化

海洋对大气 $CO_2$ 起到主要的控制作用，并使海洋及其碳循环成为地球系统中最重要的气候调节器之一，特别是在几百年甚至更长的时间尺度上。地球上 92% 未固定在地质储层（如沉积岩或煤、石油和天然气储层）中的碳存于海洋中，其中大部分以溶解无机碳的形式存在，一些很容易与大气中的 $CO_2$ 交换。1750～2019 年，工业和农业活动释放的 $CO_2$ 导致全球大气 $CO_2$ 平均分压从 278ppm 增加到 410ppm。目前，大气中的 $CO_2$ 浓度达到过去 80 万年以来的新高。工业革命以来海洋从大气中吸收了约 1/3 的 $CO_2$。这种自然的吸收过程显著地减少了大气中的温室气体水平，并把全球变暖的一些影响降到最低。然而，海洋吸收 $CO_2$ 对海水的化学性质有重大影响。海洋对 $CO_2$ 的吸收通过 $CO_2$ 与海水的热力学平衡改变了海水的酸碱平衡。海洋吸收 $CO_2$ 会导致海水逐渐变酸，这一过程称为海洋酸化。

自 IPCC（2013）以来，对古气候时期海洋表面 pH 变化的认识有所改进。在过去的 6500 万年中，有几个时期的海洋表面 pH 与气候变化同时发生变化，如古新世—始新世极热事件时期、早始新世气候适宜期和中新世气候适宜期。然而，只有在古新世—始新世极热事件时期，变化得到充分的约束，可以与近期和当前的趋势进行直接比较。这一时期伴随着全球碳循环的显著扰动、海洋变暖、脱氧及海洋表面 pH 下降，但其速度可能至少比当前慢一个数量级。

古气候证据表明，在过去的 5000 万年中，海洋表面 pH 逐渐增加。近几十年观察到的全球平均海洋表面 pH 在过去 200 万年中并不常见，并且至少在过去 2.5 万年中没有出现过。更新世冰期—间冰期循环期间的 pH 变化幅度为 0.1～0.15——类似于近期的变化。由于先前封存的 $CO_2$ 从海洋内部转移到海洋次表层，根据冰芯中记录的大气 $CO_2$ 变化，以及 pH 和 $CO_2$ 变化与硼同位素之间的既定关系推断，末次冰消期的最大 pH 变化率约在 11.7 ka、14.8 ka 和 16.3 ka 达到 –0.02 pH/世纪。

通过吸收更多的 $CO_2$，海洋表面酸度不断增加（几乎确定）（图 5-8）。自 20 世纪 80 年代以来，全球海洋表面 pH 每 10 年下降（0.016±0.006）（Hurd et al., 2018）。普遍认为，过去 20 年全球海洋表面 pH 趋势已超过自然变率。然而，对于某些地区而言，数据覆盖范围稀少且逐年变化较大，掩盖了对海洋表面 pH 长期趋势的检测，如在南大洋和北冰洋。对于海洋次表层 pH 的变化，目前有来自重复水文计划的直接船舶测量值、通过方解石和文石饱和层的间接估计值，以及最近配备 pH 传感器的生物地球化学 ARGO 浮标观测值。在过去的 20～30 年中，全球次表层 pH 在至少 1000m 深度已经观察到下降的信号，来自太平洋、南大西洋、南大洋、北大西洋和 AMOC 沿线、北冰洋及其边缘海的区域结果均支持这一观点。

总而言之，几乎可以肯定的是，在过去 40 年中，全球公海表面 pH 每 10 年下降 0.003～0.026，并且在过去 20～30 年中，在所有海洋盆地都观察到海洋内部 pH 的下降（高信度）。过去 500 万年公海表面 pH 是长期增加的（高信度）；而在过去 200 万年中，公海表面 pH 与近期一样低，这是不常见的（中等信度）。现在公海表面的 pH 是至少 2.5 万年以来的最低值，并且至少从那时起，当前的 pH

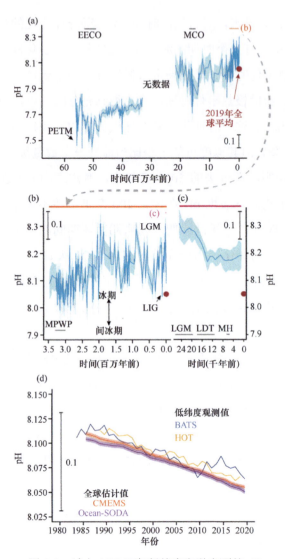

**图 5-8　过去 6500 万年低纬度海洋表面的 pH**

（a）过去 6500 万年的低纬度（30°N～30°S）海洋表面 pH；（b）同（a），但时间范围是过去 350 万年，双头箭头显示冰期—间冰期 pH 变化的大致幅度；（c）表面 pH 的多点合成；在（a）～（c）中，阴影表示 95%的置信度区间；（d）直接观测（BATS，HOT）低纬度表面 pH 和从两个间接估计数据（CMEMS，Ocean-SODA）估计的全球平均 pH（65°S～65°N）（IPCC，2021）。图中英文缩写对应含义如下：EECO 始新世早期气候最适宜期，MCO 新生代中期气候最适宜期，PETM 古新世–始新世极热事件，LGM 末次冰盛期，MPWP 上新世中期暖期，LIG 末次间冰期，LDT 兰德斯堡穹顶温度，MH 中全新世暖期，BATS 百慕大–亚特兰大时间序列研究，HOT 夏威夷海洋时间序列，CMEMS 哥白尼海洋环境监测服务，Ocean-SODA 海洋卫星海洋学数据档案

变化率是前所未有的（高信度）。海洋酸化会对生物多样性和生态系统结构稳定性产生影响，特别是对于那些具有钙质结构的生物。

### 5.5.2 海洋脱氧

在风的驱动下，海洋环流还会在某些地区将冷水从深层（上升流）带上来，从而使深海与大气之间进行热量、$O_2$ 和碳交换，促进生物生产。海洋变暖导致 $O_2$ 溶解度降低，增加 $O_2$ 的消耗和层结的稳定，从而减少 $O_2$ 混入海洋内部。在海岸带添加过量的营养物质也会加剧脱氧。不同深度变暖的差异导致海洋层结加强（几乎确定）。这阻碍了溶解氧从表层向深海输送，也是海洋溶解氧降低的重要原因之一。

自 IPCC（2013）以来，基于新代用资料重建的氧含量变化的证据有所增加（Hoogakker et al.，2018）。古气候资料指出，在二叠纪晚期、侏罗纪和白垩纪，过去的海洋氧含量降低，并伴随着全球碳循环的相关全球尺度扰动。新生代的新研究表明，在百万年时间尺度上，海洋氧含量条件比较稳定。然而，沉积代用数据表明，看似稳定的新生代在古新世—始新世极热事件期间存在短暂的、广泛的脱氧扰动，部分海洋达到缺氧水平。自末次冰盛期以来，由于快速变暖和全球翻转环流的变化，低氧水域全面出现并扩大到海洋中间深处。在末次冰消期期间，缺氧水域发生了最大的扩张。深层海洋（>1500m）自末次冰盛期以来，含氧量水平增加了 $100 \sim 150 \, \mu mol/kg$，在大约 1 万年时达到了现代的氧气水平。

1970～2010 年，从海洋表面到 1000m 深，公海总体上正在脱氧，很可能损失了 0.5%～3.3%（中等信度）。在全球范围内，与海洋物理学和生物地球化学相关的其他过程加剧了变暖导致的氧气损失，这导致大部分观测到的脱氧（高信度）。最低氧气带（OMZ）正在以 3%～8%的范围扩大，尤其是在热带海洋中，但其显著的年代际变化影响了热带地区人类活动对整体脱氧的归因（高信度）。

总之，广泛和持久（10 万年尺度）的公海脱氧事件与二叠纪—白垩纪的气候暖期有关，气候在新生代过程中的降温，为含氧量增加提供了条件（高信度）。过去 2.5 万年中最大的缺氧水域扩张与快速升温速率密切相关（中等信度）。20 世纪中期至 21 世纪初，公海的大部分地区都发生了脱氧（高信度），并显示出年代际变化（中等信度）；同时，OMZ 正在许多地方扩张（高信度）。海洋氧含量的变化对海洋生物有着深远的影响，包括养分循环和远洋鱼类栖息地边界等，并可能通过排放温室气体 $N_2O$ 来影响气候变化。

# 参 考 文 献

秦大河, 翟盘茂. 2021. 中国气候与生态环境演变. 2021 第一卷 科学基础. 北京: 科学出版社.

Beckley B D, Callahan P S, Hancock D W, et al. 2017. On the "Cal-Mode" correction to TOPEX Satellite altimetry and its effect on the global mean sea level time series. Journal of Geophysical Research Oceans, 122(11): 8371-8384.

Blazquez A, Meyssignac B, Lemoine J, et al. 2018. Exploring the uncertainty in GRACE estimates of the mass redistributions at the Earth surface: Implications for the global water and sea level budgets. Geophysical Journal International, 215(1): 415-430.

Cai W, Wang G, Santoso A, et al. 2017. Definition of extreme El Niño and its impact on projected increase in extreme El Niño frequency. Geophysical Research Letters, 44(21): 11184-11190.

Cheng L, Abraham J, Hausfather Z, et al. 2019. How fast are the oceans warming? Science, 363(6423): 128-129.

Church J A, White N J. 2011. Sea-level rise from the Late 19th to the Early 21st Century. Surveys in Geophysics, 32(4-5): 585-602.

Dangendorf S, Hay C, Calafat F M, et al. 2019. Persistent acceleration in global sea-level rise since the 1960s. Nature Climate Change, 9(9): 705-710.

Dangendorf S, Marcos M, Wöppelmann G, et al. 2017. Reassessment of 20th century global mean sea level rise. Proceedings of the National Academy of Sciences, 114(23): 5946-5951.

Du Y, Zhang Y, Shi J. 2019. Relationship between sea surface salinity and ocean circulation and climate change. Science China Earth Sciences, 62: 771-782.

Frederikse T, Gerkema T. 2018. Multi-decadal variability in seasonal mean sea level along the North Sea coast. Ocean Science, 14(6): 1491-1501.

Frederikse T, Landerer F, Caron L, et al. 2020. The causes of sea-level rise since 1900. Nature, 584(7821): 393-397.

Hay C C, Morrow E, Kopp R E, et al. 2015. Probabilistic reanalysis of twentieth-century sea-level rise. Nature, 517(7535): 481-484.

Hobday A J, Alexander L V, Perkins S E, et al. 2016. A hierarchical approach to defining marine heatwaves. Progress in Oceanography, 141: 227-238.

Hoogakker B A A, Lu Z, Umling N, et al. 2018. Glacial expansion of oxygen-depleted seawater in the eastern tropical Pacific. Nature, 562(7727): 410-413.

Hurd C L, Lenton A, Tilbrook B, et al. 2018. Current understanding and challenges for oceans in a higher-$CO_2$ world. Nature Climate Change, 8(8): 686-694.

IPCC. 2013. Climate Change 2013: The Physical Science Basis//Stocker T F, Qin D, Plattner G K. Contribution of Working Group I to the Fifth Assessment Report of the Intergovernmental Panel on Climate Change. Cambridge, United Kingdom and New York, NY, USA: Cambridge University Press: 1535.

IPCC. 2019. Summary for policymakers//Pörtner H O, Roberts D C, Delmotte V M, et al. Climate Change 2019: Special Report on the Ocean and Cryosphere in a Changing Climate. Cambridge, United Kingdom and New York, NY, USA: Cambridge University Press: 1586.

IPCC. 2021. Climate Change 2021: The Physical Science Basis//Masson-Delmotte V, Zhai P, Pirani A, et al. Contribution of Working Group I to the Sixth Assessment Report of the Intergovernmental Panel on Climate Change. Cambridge, United Kingdom and New York, NY, USA: Cambridge University Press: 2392.

Jevrejeva S, Moore J, Grinsted A, et al. 2014. Trends and acceleration in global and regional sea levels since 1807. Global and Planetary Change, 113: 11-22.

Kemp A C, Wright A J, Edwards R J, et al. 2018. Relative sea-level change in Newfoundland, Canada during the past 3000 years. Quaternary Science Reviews, 201: 89-110.

Legeais J, Ablain M, Zawadzki L, et al. 2018. An improved and homogeneous altimeter sea level record from the ESA Climate Change Initiative. Earth System Science Data, 10(1): 281-301.

Nerem R S, Beckley B D, Fasullo J T, et al. 2018. Climate-change–driven accelerated sea-level rise detected in the altimeter era. Proceedings of the National Academy of Sciences, 115(9): 2022-2025.

Palmer M D, Domingues C M, Slangen A B A, et al. 2021. An ensemble approach to quantify global mean sea-level rise over the 20th century from tide gauge reconstructions. Environmental Research Letters, 16(4): 044043.

Ray R D, Douglas B C. 2011. Experiments in reconstructing twentieth-century sea levels. Progress in Oceanography, 91(4): 496-515.

Spratt R M, Lisiecki L E. 2016. A Late Pleistocene sea level stack. Climate of the Past, 12(4): 1079-1092.

Wenzel M, Schröter J. 2014. Global and regional sea level change during the 20th century. Journal of Geophysical Research: Oceans, 119(11): 7493-7508.

# 第 6 章
# 生物圈变化

人为 $CO_2$ 排放对碳–气候系统的影响主要是驱动海洋和陆地碳汇，是决定大气 $CO_2$ 浓度水平的主要负反馈，大气 $CO_2$ 浓度又通过辐射强迫驱动气候反馈。生物地球化学反馈过程是碳和气候驱动共同作用于海洋、陆地碳循环的各个物理和生物化学过程的结果。这些碳–气候反馈可以通过改变陆地、海洋的碳源汇影响 $CO_2$ 在大气中的积累速度，从而放大或抑制气候变化（图 6-1）。这些变化取决于驱动因素（$CO_2$ 浓度和气候条件）、海洋和陆地过程之间的相互作用，其通常是非线性的。

## 6.1　$CO_2$ 浓度季节变化

IPCC AR5 指出，由于植物光合作用吸收 $CO_2$ 只发生在植被活跃生长季节，北半球中更大的陆地面积造成大气中的 $CO_2$ 浓度呈现典型的"锯齿"形季节变化。IPCC SRCCL 同样指出，由于植被生长明显的季节性特征，北半球陆地生态系统是全球大气 $CO_2$ 浓度季节变化的主要原因。但 IPCC AR5 和 IPCC SRCCL 均未对观测到的 $CO_2$ 浓度季节变化幅度的变化做出信度水平的说明。

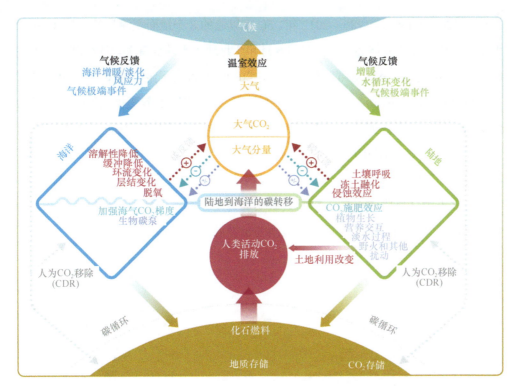

图 6-1　气候系统中影响大气 $CO_2$ 浓度和碳–气候反馈的关键要素、过程和途径

人为 $CO_2$ 排放，包括土地利用变化，通过负反馈（蓝绿色点线转箭头）分别进入海洋（23%）、陆地（31%）和存留在大气当中（46%），而后者决定了大气中 $CO_2$ 浓度的变化。这调节了大部分辐射强迫，造成了能量不平衡，驱使气候反馈到海洋（蓝色）和陆地（绿色）。红色箭头和红色文字表示来自海洋和陆地的正反馈。这些正反馈同时受到碳浓度和碳–气候反馈的影响。此外还存在其他的生物圈反馈过程，但这些过程的影响尚不确定（蓝色点线箭头）。灰色箭头表示从大气到海洋、陆地和地质储层的 $CO_2$ 移除量

　　$CO_2$ 浓度的原位观测结果表明,过去半个世纪大气 $CO_2$ 浓度季节变化幅度增加,尤其在 45°N 以北地区（图 6-2）。例如, 阿拉斯加州巴罗（Barrow）地表观测站在 1961～2011 年观测到大气 $CO_2$ 浓度季节变化幅度每 10 年增加（6%±2.6%）,此后增幅减小。在 1958～1961 年和 2009～2011 年期间,基于飞机观测得到的数据表明, 45°N 以北地区在 500mb[*]高度层的大气 $CO_2$ 浓度季节变化幅度显示出（57%±7%）的增加幅度,而在 35°N～45°N 的 2 次实地观测中, 大气 $CO_2$ 浓度季节变化幅度

---

[*]　1mb=100Pa, 全书同。

增加了（26%±18%）。1980～2012 年，50°N 以北的 8 个地面观测站的大气 $CO_2$ 浓度季节变化幅度明显增加，这主要与 6 月和 7 月地下水减少有关。低纬度地区大气 $CO_2$ 浓度季节变化幅度变化趋势不显著。20 世纪 60 年代初以来，夏威夷莫纳罗亚（Mauna Loa）山地表观测站观测到的大气 $CO_2$ 浓度季节变化幅度的增长仅为巴罗（Barrow）地表观测站的 50%左右，只有佛罗里达州的比斯坎湾（Key Biscayne）观测站在 1980～2012 年检测到大气 $CO_2$ 浓度季节变化幅度的显著增长。近年来，印度西部的辛哈加德（Sinhagad）地表观测站观测到微弱的增幅信号。一般而言，北极和北方地区碳吸收量较大增长，表明北方生态系统的植被和碳循环动态发生了变化，但其他因素如更温暖、更湿润的条件同样不可忽视。

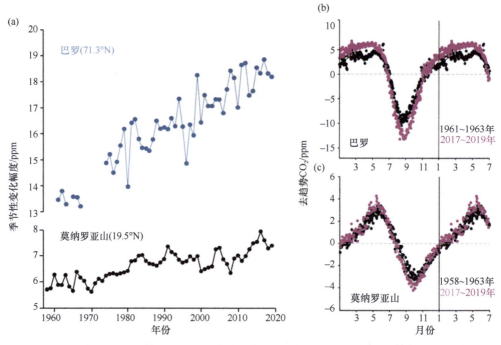

图 6-2　大气 $CO_2$ 浓度季节变化幅度的变化（a）及去趋势 $CO_2$ 浓度变化[（b）、（c）]

最近，基于卫星对 2003～2018 年全球大气 $CO_2$ 浓度季节变化的估计表明，南半球大气 $CO_2$ 浓度季节变化幅度的变化与北半球不同步，这与半球间初级生产力的季节变化相一致。两个半球大气 $CO_2$ 浓度季节变化幅度的变化相互抵消，相对削弱了全球平均大气 $CO_2$ 浓度季节变化幅度的变化。这些综合结果也表明，从 2009 年左右开始，南半球大气 $CO_2$ 浓度季节变化幅度一直在增加，但与巴灵角 （Baring Head）站点观测结果比较表明，1995 年之前，南半球的该位置曾出现过较强的大气 $CO_2$ 浓度季节变化。

# 6.2　植　被　绿　度

IPCC AR5 简单探讨了利用遥感手段获取的植被光合能力代用指标估算的全球植被绿度的变化。但由于其变化趋势的幅度和一致性都存在着较大的差异，IPCC AR5 中并没有给出具有较高信度水平的结论。IPCC AR5 发布之后，一系列研究又进一步探究了自 20 世纪 80 年代以来植被绿度增加的现象。最新研究发现，20 世纪 80 年代直到 21 世纪初，归一化植被指数（normalized difference vegetation index，NDVI）在陆地表面 70% 的地区都呈现增加趋势，尤其北半球。全球平均生长季累计叶面积指数（leaf area index，LAI）在 20 世纪 80 年代至 21 世纪 10 年代也呈现增加趋势（图 6-3）。从空间上来看，植被绿度增加最为显著的地区主要包括北美洲北部、南美洲北部、欧洲、东亚和南亚以及非洲（图 6-3）。另有研究指出，对于某些植被类型来说，其地表覆盖面积也发生了变化，如 1982～2016 年，全球森林覆盖度约增加 7%。另外，在北半球高纬度地区的苔原生态系统也观测到了灌木扩张的现象。

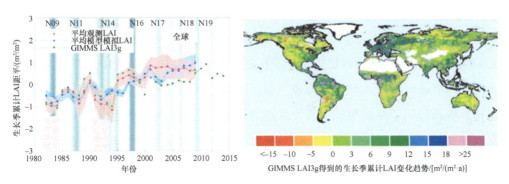

图 6-3　过去 30 年全球表面植被覆盖区生长季累计叶面积指数变化（Zhu et al.，2016）

左图中黑色虚线及文字标注（N09、N11、N14、N16、N17、N18、N19）表示 AVHRR 系列卫星传感器更换时间，

GIMMS LAI3g 为基于 AVHRR 传感器的叶面积指数产品

植被绿度的增加在很大程度上与全球范围内的 $CO_2$ 施肥效应相对应，此外区域层面的其他变化也值得注意，如中国和印度的农业集约化，以及北方高纬度地区和其他地区（如中国中部黄土高原）等的气温升高现象。

同时，大量研究也指出，20 世纪 90 年代中期至 21 世纪初，植被绿度减小的现象日渐突出，主要集中在北半球中低纬度地区。这可能与区域性的干旱、野火及土地利用变化（如农业活动和土地弃耕）有关。自 20 世纪 90 年代末以来，由于部分地区植被绿度减小的幅度已经抵消了前期植被绿度的增加，因此全球平均植被绿度的增长在过去 20 年中有所放缓。

# 6.3  生  长  季

IPCC AR5 指出，全球变暖导致北半球春季开始时间提前。最近的基于站点和遥感观测数据的研究均进一步证实了热力学生长季（thermal growing season）长度的变化。站点观测数据分析表明，自 20 世纪中期，大部分赤道以外地区都经历了生长季节的延长。1950～2011 年，全球平均生长季长度增加速率约为 1.0d/10a，其中北半球中高纬度地区（45°N 以北）尤为显著，平均增加速率可达 1.7d/10a。

对于植被来说，基于站点记录和遥感观测的大量研究也表明，在全球陆地表面大部分地区，植被光合作用活跃季节（即植被生长季，photosynthetically active growing season）的长度也相应地发生了明显的变化。尤其北半球中高纬度地区，植被生长季长度在 20 世纪 80 年代初期至今整体呈现增加的趋势（图 6-4）。1982～2014 年，45°N 以北的地区植被生长季长度平均增加速率为 2.6d/10a，其中以欧亚大陆中纬度地区和北美洲东北部最为明显。基于卫星资料的记录表明，大多数北半球地区都经历了植被生长季开始时间的提前和结束时间的推迟，这一发现也得到了地面站点观测数据的支持。许多研究还记录了加拿大北极地区、欧洲大部分地区和撒哈拉以南非洲部分地区植被生长季长度的增加。但需要注意的是，最新的研究进一步指出，植被生长季在 21 世纪初（2002 年左右）之后开始呈现缩短的趋势。

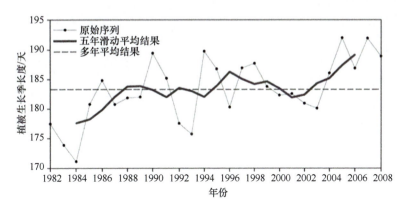

图 6-4 过去 30 年北半球（30°N 以北）植被生长季长度变化（IPCC，2021a）

从不同区域来看，在北美洲，1900～2014 年，美国地区植被生长季每 10 年明显增加约 1.3 天，1980 年后增加幅度更大；同样地，1950～2010 年，加拿大的所有生态区植被生长季都经历了延长的过程。自 1960 年以来，中国植被生长季长度每 10 年至少增加 1.0 天；自 1970 年以来，韩国植被生长季长度每 10 年增加几天。一般来说，物候指标的变化与仪器数据记录的植被生长季长度的增加是一致的。若干长期的、特定地点的观测记录表明，近期物候变化相对于年际变化存在不寻常性。例如，近几十年来，日本京都的樱花盛开日期在生长季中逐渐提前，法国博讷的葡萄收获日期也逐渐提前（图 6-5）。

需要注意的是，尽管站点记录和卫星遥感观测得到的植被生长季变化结果具有较好的一致性，但仍可能存在很多导致观测结果误差的因素。例如，目前在基于站点记录的研究中还缺乏对植被生长季长度的统一定义；在不同研究当中，研

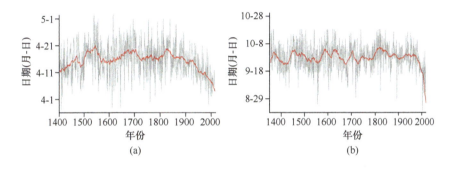

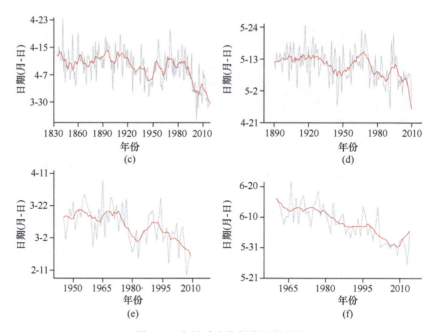

图 6-5　生长季中物候指标的变化

（a）日本京都樱花盛开日期；（b）法国博讷的葡萄收获日期；（c）中国东部春季物候日期；（d）美国费城山麓的鲜花盛开日期；（e）澳大利亚维多利亚州中部葡萄收获日期；（f）中国青藏高原植被生长季的开始日期（IPCC，2021a）。灰线为原始序列，红线为平滑后结果

究时间和空间范围可能有所不同。特别地，在对卫星遥感产品的分析中，遥感产品本身的不确定性（传感器差异、误差校正等）及利用产品数据进行物候估算的方法的不确定性都对分析结果造成影响。

## 6.4　陆地植被生产力

近年来，大量研究采用不同数据源分析了陆地植被生产力在过去几十年的变化情况。图 6-6 展示了分别利用再分析格点资料、卫星遥感产品及地球系统模式模拟结果得到的全球陆地生态系统总初级生产力（gross primary productivity，GPP）在 1990～2009 年线性变化趋势的空间格局（其中 MODIS 为 2000～2009 年）。总的来看，所有数据集都发现 GPP 随着时间的推移而增加，这种正向趋势是由于植被生产力对大气 $CO_2$ 浓度增加和陆地表面温度的增加均有正响应。然而，仍有部分地区的 GPP 呈下降趋势，这可能是降水量减少或大规模干旱或旱季加剧所致。

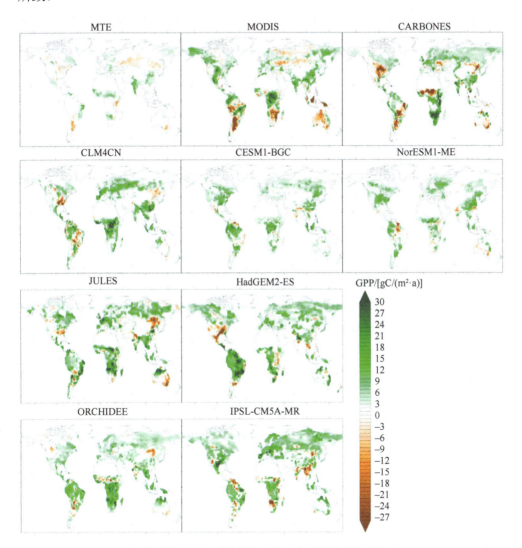

图 6-6　1990～2009 年全球陆地生态系统总初级生产力的线性变化趋势（Anav et al.，2015）

需要注意的是，模型树集成（model tree ensemble，MTE）和 MODIS 数据得到的 GPP 增加趋势相对较弱，这可能是由于这两套资料并未考虑大气 $CO_2$ 浓度增加对植被的施肥效应。事实上，在研究时段内（即 1990～2009 年），观测到的大

气 $CO_2$ 浓度从 340ppm 上升至 390ppm 左右，但 MTE 和 MODIS 数据在其算法中均未考虑大气 $CO_2$ 浓度的上升。

整体来看，模式、基于观测资料和混合数据集的估计结果均表明，1990～2009 年，北半球大部分地区的 GPP 增加，这主要是气候变暖变湿导致植被生长季延长（主要为植被生长季提前），从而促进了植被生长。然而，持续变暖也可能抵消植被生长季提前带来的益处，并在夏季干燥、秋季温暖的情况下减少碳吸收，这些因素都是北半球部分地区 GPP 出现下降趋势的可能原因。

对于南半球，除少数离散地区外，模式模拟结果均呈现南半球 GPP 的整体增加趋势。相比之下，MODIS 结果呈现出更大范围的 GPP 下降趋势。研究认为，尽管降水量有所增加，但气候变暖导致蒸发需求整体增加，进而造成"变干"的趋势。利用 MODIS 数据集也发现陆地生态系统净初级生产力（net primary productivity，NPP）的下降趋势。基于卫星遥感的植被指数分析也表明，2000～2009 年南半球的绿度有所下降。绿度的下降与同一数据期内基于卫星产品发现的土壤水分减少相一致。然而，大多数模式模拟结果都呈现 GPP 增加的趋势，并未模拟到这种干旱对植被生产力的限制作用。其原因可能存在以下方面：第一，模式和 MODIS 资料在计算 GPP 变化趋势时涉及的时间段存在差异，即 MODIS 得到的趋势是在 10 年内计算的，而其他数据集的趋势是在 20 年内计算的。第二，模式结构和参数化方面的差异。与 MODIS 相比，模式中 GPP 参数化更为复杂。具体来说，外界环境的各种扰动（如火灾、风、病虫害暴发、风暴、污染和人类管理）能够在卫星遥感产品中很好地反映，但模式模拟效果较差。此外，模式模拟中也可能高估 $CO_2$ 施肥效应对气孔关闭的影响，导致植被具有较高的抗旱性。

除此之外，模式中对植被生产力对温度变化响应的模拟也可能与现实世界存在偏差。随温度升高，植物叶片的光合作用先增加后下降，但在生态系统水平上，植被光合作用对温度的响应仍不明确，且相关研究非常有限。鉴于全球范围生态系统尺度植被光合作用最适温度数据缺失，模式模拟中普遍采用叶片尺度光合作用最适温度信息替代。但是，在生态系统尺度和叶片尺度，光合作用的影响因素不同，光合作用最适温度存在差异。以叶片光合作用参量表征生态系统尺度过程的做法也可能造成模式并不能非常准确地反映气候变暖背景下植被生产力变化的问题。最新研究综合利用全球站点涡度相关通量观测资料和不同遥感植被指数产品，研编了首幅全球植被光合作用最适温度空间分布图（Huang et al.，2019），指出全球生态系统尺度光合作用平均最适温度为（23±6）℃，但存在明显的空间差异（图6-7）；生态系统尺度上植被生产力最适温度确实与叶片尺度上的光合作用最适温度有所差异。这也是模式模拟与遥感产品估算的陆地植被生产力变化趋势存在差异的原因之一。

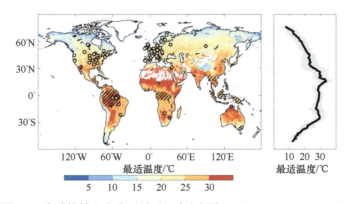

图6-7　全球植被光合作用最适温度空间格局（Huang et al.，2019）

## 6.5　陆地生态系统

IPCC AR5 WGII 认为，近几十年来，许多陆地物种的地理范围发生了变化。同样，IPCC SRCCL 评估，在最近几十年中，许多陆地物种经历了分布范围和位置，以及丰富度的变化。IPCC SROCC 指出，近几十年来，高山生态系统中的物种组成和数量发生了显著变化。

古气候重建记录了从远古到全新世的大规模生物群落变化。树线最北端的位置是体现物种分布变化的一个代表性指标（图6-8）。在上新世中期暖期（mPWP），北方森林延伸至北极海岸，最北端的树线比目前更北4～10个纬度；温带森林和草原也向极地转移（冻土带范围减少），相比沙漠的面积，非洲和澳大利亚的大草原和林地更为广阔。在末次冰盛期（LGM）期间，全球范围内冻土带和草原扩张，森林减少，在大多数地区，北部树线位于其当前位置以南 17～23 个纬度。末次冰消过渡期，由于气候变暖和其他气候变化，生态系统普遍发生了变化。到了全新世中期（MH），北非经历了从草原到沙漠的大范围转变，最北端的树线再次向极地移动，位于其当前位置以北 1～3 个纬度。在过去的半个世纪里，各大洲每年树木生长的空间同步性增加，这在过去的千年中是前所未有的。全新世植被变化率的增加与气候变化、人类对土地利用的加剧及由此带来的生态系统独特性的增加是一致的。

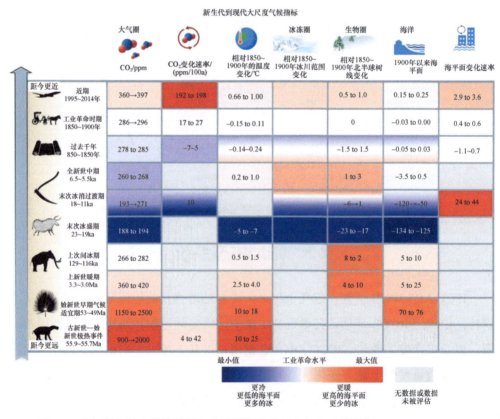

图 6-8　古气候和新生代的近期参考期的部分大尺度气候变化指标（IPCC，2021b）

表格中的数值范围为非常可能的范围（x to y），或从参考期开始到结束时没有明确不确定性的最佳估计值（x→y），或没有明确不确定性的最低值到最高值（x～y）

　　长期的生态记录捕捉到 20 世纪和 21 世纪初物种分布范围的变化。其中，对北美和欧亚大陆西部的研究最为广泛，而对中非、东亚、南美、格陵兰岛和南极洲的研究相对较少。记录中的物种分布变化大都是朝着较冷的条件——即向极地和向高海拔的方向迁移。值得注意的是，一项全球尺度分析估计，自 20 世纪中期以来，许多昆虫、鸟类和植物物种每 10 年向高纬度方向移动（17±3）km，每 10 年向高海拔方向移动（11±2）m，物种范围的前缘和后缘都发生了变化。在过去的一个世纪里，长期生态调查表明，物种更替（即一个区域内物种的得失总数）在多地生态系统中显著增加，包括全世界未受干扰的山地地区。然而，尽管生物多样性在全球范围内遭受损失，但大多数当地的生物组合都经历了生物多样性的变化，而不是系统性的损失。随着物种更替的增加，由于更大的空间同质化、外来物种和本地物种的混合、干扰机制的改变及当前或历史土地利用的遗留，当代群落相对于历史基线的独特性有所增加。一般而言，陆生物种的更替率低于海洋物种。

　　对于一般的向极地/向高海拔迁移的模式也有例外。对于某些物种来说，各种生物和非生物因素（如降水和土地利用）取代了温度的生理效应。对于其他物种来说，向极地迁移的速度比观测到的温度升高的预期要慢。树木就是这样一个例子，因为它们的寿命很长，而且逐渐成熟。事实上，根据 1900 年至今的全球树线动态数据集分析结果，只有大约 50% 的地点有明显的向极地推进的趋势。此外，尽管自 20 世纪中期以来，北半球温带的生长季不断延长，但目前最北端的树线（约73°N）实际上在全新世中期同样位置的南侧。

　　IPCC SRCCL 指出，与物种范围的变化相一致，气候带的地理分布也发生了变化。1950～2010 年，全球温带和大陆性气候向极地的变化十分明显，极地气候的面积正在减少。自 20 世纪 70 年代以来，在美国中部和东部，冬季植物耐寒性区域向高纬度方向的地带性变化是明显的，在美国西部也呈现出向高海拔方向的变化。自 1930 年以来，加拿大西部的冬季植物抗寒区明显向北移动，其东南部的变化则较小。自 20 世纪 70 年代中期以来，欧洲农业气候区的北移也很明显。此外，在一些地区，如亚洲季风区及南美和非洲的部分地区，向更干旱气候区的转变也显而易见。

总之，在过去的一个世纪里，随着物种更替率的增加，许多陆地物种的地理范围已向极地或向高海拔地区迁移。同时，世界许多地区气候带的地理分布已经发生了变化。

## 6.6  陆地表层与地表反照率

土地利用和覆盖的变化，如灌木入侵、森林砍伐、过度放牧等，必然导致陆地表面反照率的变化。通常来说，森林退化或森林砍伐所导致的地表反照率的变化取决于其所处的纬度带或气候带。对于寒温带地区，森林覆盖减少会造成冰雪覆盖区域裸露，导致地表反照率增加。另外，寒温带和温带森林绿度增加则会造成地表反照率的净减少。在北半球高纬度森林覆盖相对较低的地带（苔原生态系统），灌木入侵则会通过减少冰雪覆盖区域的裸露面积，从而降低这些地区的冬季地表反照率。

根据 IPCC AR5 的评估结论，工业革命以来的土地利用变化很可能会增加地球的反照率，导致辐射强迫变化（$-0.15 \pm 0.10$）$W/m^2$，整体起到净冷却的作用。IPCC SRCCL 进一步指出，土地覆盖变化的生物物理效应（主要指增加的反照率）对地表温度起到冷却作用；土地覆盖变化的生物地球化学效应（即温室气体排放）则导致地表增暖。

全新世期间，人类活动在一定程度上改变或调控了绝大部分的陆地表面。基于孢粉数据重建表明，大约在全新世中期之前，自然植被可能覆盖了地球大部分无冰地表。基于孢粉、考古和历史数据重建表明，至少 6000 年以来，部分区域的森林遭到砍伐。从全球来看，土地利用强迫数据集估计，直到 19 世纪中期前，全球范围内土地利用的变化很小，此后土地利用变化显著加快，但在工业化之前仍存在较大不确定性。20 世纪 80 年代初以来，全球约 60%的土地覆盖变化直接与人类活动有关，包括热带森林砍伐、温带植树造林、农业集约化和城市化进程加快，并且在土地利用和土地管理上存在明显的区域特征。当今，大约 3/4 的无冰陆地表面正在以某种形式被人类利用，特别是在农业和森林管理方面。

IPCC AR6 通过考虑多种气候和生物物理过程（如反照率、蒸散量和粗糙度的变化）和生物地球化学过程（如森林砍伐引起的碳释放等大气成分变化）的模式模拟，评估了历史时期土地覆盖变化对全球气候的影响。地表反照率的变化是对土地覆盖变化的重要生物物理响应。IPCC AR6 估计，全球平均地表反照率在 19 世纪中期之前呈现增加趋势，在 20 世纪中期急剧增长，之后增速略有放缓。根据 13 个 CMIP6 模式的历史模拟结果，自 1850 年以来，地表反照率变化（包括积雪和叶面积）造成的有效辐射强迫（effective radiative forcing，ERF）为 –0.08（–0.22～0.06）W/m$^2$。类似地，根据 13 个 CMIP5 模式的历史模拟结果，自 1860 年以来，树木、作物和草原之间转换的土地覆盖变化造成的 ERF 为 –0.11（–0.16～0.04）W/m$^2$。有研究认为，自 1860 年以来的 ERF 为 –0.40 W/m$^2$，这在很大程度上归因于地表反照率的增加；然而，值得注意的是，该分析是基于一个已知倾向于高估 ERF 的单一模式。另有研究考虑了生物物理和生物地球化学过程的综合影响，得到自 1850 年以来的辐射强迫（radiative forcing，RF）为（0.9±0.5）W/m$^2$，其主要由毁林和农业活动导致的与土地利用相关的温室气体排放增加所致。根据 IPCC SRCCL，大量历史模拟估算的土地覆盖变化的生物物理效应（即地表反照率增加和湍流热通量减少）导致全球地表净冷却为（0.10±0.14）℃。现有模式模拟结果发现，生物物理和生物化学效应可能共同导致过去两个世纪全球地表变暖（0.078±0.093）℃（IPCC，2021a），对全新世整体的气候变暖贡献可能更大。

总之，工业革命以来土地利用变化带来的生物物理效应总体上是负 ERF。全球反照率增加的 ERF 最佳估计值为 –0.15 W/m$^2$（1700 年以来）和 –0.12 W/m$^2$（1850 年以来）。自 1750 年以来，土地利用变化的生物物理效应可能导致全球净冷却约 0.1℃。

## 6.7　土地退化和荒漠化

IPCC 评估报告将土地退化定义为包括人为气候变化在内的人类直接或间接作用引起的土地状况的负面趋势，表现为生物生产力、生态完整性或对人类价值的长期减少。IPCC SRCCL 指出，人类活动导致的气候变暖已经使得强降水事件的频率、强度和数量及高温胁迫都有所增加，这些都加速了土地退化的进程。特别地，土地退化在以森林为主的地区称为森林退化。现有研究表明，1990～2015 年全球森林总面积下降约 3%，但不同的研究结论存在一定的差异，卫星遥感数据表明全球森林损失正在加速，而清查数据则表明森林损失情况正在好转。

另外，IPCC SRCCL 将人类活动及其气候变化所导致的发生在干旱半干旱和干旱的半湿润地区（统称旱地）（图 6-9）的土地退化定义为荒漠化。该报告指出，在人类活动和气候变化影响下，过去几十年中一些干旱地区的荒漠化范围和强度有所增加。需要注意的是，由于在定义上地理区域的限制，荒漠化与干旱的频率、强度和持续时间有着密切联系。干旱本身并不是一种土地退化，因为土地的生产力有可能会在干旱事件结束之后完全恢复。但在干旱地区，当干旱的频率、强度和持续时间增加到超越生态系统的恢复力时，就可能造成荒漠化。

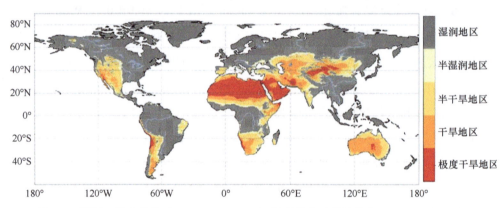

图 6-9　根据干燥度指数（aridity index，AI）得到的全球旱地分布（IPCC，2021b）
根据 AI 进行区域划分，标准如下：湿润（humid）地区 AI > 0.65；半湿润（dry sub-humid）地区 0.50 < AI ≤ 0.65；半干旱（semi-arid）地区 0.20 < AI ≤ 0.50；干旱（arid）地区 0.05 < AI ≤ 0.20；极度干旱（hyper-arid）地区 AI ≤ 0.05

## 6.8　海洋生产力

IPCC SROCC 指出，目前基于卫星遥感产品对海洋初级生产力变化趋势的估计仍不够稳健，这主要是因为观测时间序列长度不足，缺乏确凿的实地观测和独立验证的时间序列。此外，通过比较不同卫星遥感产品也发现其在绝对值和年代际趋势方面存在明显的不匹配。

最近基于模式的结果与卫星同化数据显示，1998～2015 年全球海洋初级生产力平均值为（38±1.13）PgC/a。这一新结果与早期基于卫星研究（36.5～67 PgC/a）得到的低值比较接近。最新研究将前人研究结果与早期基于卫星的研究结果相协调，得到全球海洋初级生产力平均值为（47±7.8）PgC/a。海洋初级生产力的区域年际变化与气候变化之间存在着很强的相关性。北冰洋海洋初级生产力的增加与海冰的消退及营养供应和叶绿素浓度的增加有关。研究指出，全球海洋初级生产力呈下降趋势，每 10 年下降约 0.8 PgC（2.1%）。但由于研究较少且时间序列较短（不足 20 年），这一趋势的信度相对较低。

总之，由于近期相关研究有限，且用于分析的时间序列长度不足，全球海洋初级生产力为（47±7.8）PgC/a，这一结论的信度相对较低。1998～2015 年，全球海洋初级生产力存在小幅下降，但区域差异很大，甚至在不同区域出现了方向相反的变化。

IPCC AR5 WGII 指出，过去 50 年，海洋中各类周期性生物事件的发生每 10 年提前 4 天以上。该报告还指出，观测到的海洋生物物候指标的变化具有很高的可信度。此外，在物候、分布和丰富度对气候变暖的响应中，其 81% 的变化与根据理论推测得到的气候变暖的预期响应是一致的。IPCC SROCC 的更新也证实了这一结论。对物种间相互作用（包括竞争和捕食者–食饵动力学）的当前和未来影响的关注也具有较高的信度。

与不同物种相关的物候指标都在发生变化，但方式有所差异。例如，许多海鸟繁殖提前，而其他海鸟繁殖推迟。当受到相同的环境变化时，北大西洋的浮游生物对彼此的反应也不同。此外，不同的因素可能是触发单个生物体生命周期不同阶段物候变化的原因。西北大西洋陆架上许多底栖无脊椎动物的分布变化可以用物候学和幼虫传播来解释，而物种范围的变化和种群缩减则与较高的死亡率有关。全球浮游植物物候指标的变化与气候变化有关，如多变量 ENSO 指数，其响应也因不同海洋生态区而不同。生态系统多个组成部分之间的物候联系必须保持完整，以保持系统的完整性。匹配代表了猎物和捕食者物候事件的同步性。由于所有高级远洋生物都直接或间接地以浮游植物为食，因此二者的匹配有利于生存，而不匹配则对生存不利。结合渔业数据和海洋颜色数据表明，各种大型海洋生物的存活率取决于与浮游植物生长季节性相关的物候指标。西北大西洋的黑线鳕、北大西洋的北方虾、科特迪瓦附近的沙丁鱼、西北大西洋的鳕鱼和黑线鳕幼虫就证明了这种联系。已有研究表明，太平洋东北部沿海一个偏远岛屿上的犀牛小海雀幼鸟的产卵率与该岛屿附近叶绿素生物量的季节值有关。

总体而言，新的站点观测和卫星遥感产品为 IPCC AR5 和 IPCC SROCC 的结论提供了有力证据，即尽管许多区域和许多海洋生物物种仍然采样不足，甚至没有采样，但在过去半个世纪中，许多海洋生物物种的各种物候指标都发生了变化。这种变化因位置和物种而异。营养水平较高的生物（鱼类、被开发的无脊椎动物、鸟类）的生存在很大程度上依赖于其生命周期各个阶段的食物供应，而食物供应又取决于两者间的物候关系。从物候学角度来看，目前对海洋生物响应气候变化的各种反应怎样威胁整个生态系统的稳定性和完整性的理解仍然存在空白。

## 6.9 海洋酸化的生态环境影响

IPCC SROCC 指出，几乎可以肯定的是，全球海洋因吸收 $CO_2$ 而发生酸化；同时，自 20 世纪 80 年代末以来，海洋表层 pH 每 10 年降低 0.017～0.027 个 pH 单位。自 IPCC SROCC 报告发布以来，在海洋时间序列观测站对海水碳酸盐的连续观测和船舶观测研究提供了时间分辨率更高、方法相对一致的数据集，为各区域海洋酸化提供了强有力的证据（图 6-10）。

自 20 世纪 80 年代以来，在亚热带开阔海域，pH 每 10 年下降 0.016～0.019 个 pH 单位，相当于每 10 年氢离子浓度[（$H^+$）]增加约 4%。因此，海水相对于碳酸钙晶体的饱和状态 $\Omega[(Ca^{2+})(CO_3^{2-})]/Ksp$ 以每 10 年 0.07～0.12 的速度下降。在热带太平洋，中部和东部上升流区的 pH 下降更快，每 10 年下降 0.022～0.026

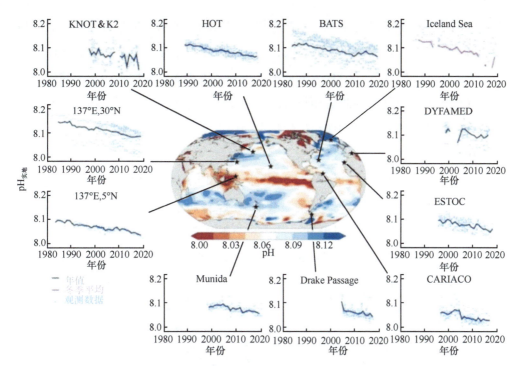

图 6-10　站点观测的全球各大洋表层 pH 年代际变化趋势及 2000 年全球海洋表层平均 pH
（IPCC，2021a）

个 pH 单位，这是富 $CO_2$ 的次表层水上升流增加，以及人为排放的 $CO_2$ 吸收所导致。相比之下，热带太平洋西部大洋暖池的 pH 下降速度较慢，每 10 年下降 0.010～0.013 个 pH 单位。观测和模拟研究均表明，该地区酸化速度较慢是在大约 10 年前，热带外地区吸收了人为排放的 $CO_2$，并通过浅层经向翻转环流输送到热带地区所导致。

在亚极地和极地地区的开阔海域，pH 下降的极可能范围（每 10 年下降 0.003～0.026 个 pH 单位）和不确定性（高达 0.010）均比亚热带地区大，这一现象反映了物理和生物强迫机制之间的复杂相互作用。但在北冰洋，由于碳酸盐晶体测量的时间序列有限，无法对海洋酸化的趋势得出可靠的结论。然而，碳酸盐晶体饱和状态 $\Omega$ 通常较低。观测研究表明，海冰的广泛融化导致海–气间 $CO_2$ 交换增强、大量淡水输入、河流径流和冰川融水，以及海水中所含陆地有机物质的降解，进

而导致晶体 $\Omega$ 下降至不饱和状态。在南极海岸带的地表水中也观察到了碳酸盐晶体的低饱和状态，这与冰川淡水输入、深水上升流及东部边界上升流系统有关。

总的来说，随着大气中 $CO_2$ 的增加，全球范围内海洋表层正在发生酸化。在过去几十年中，不间断的测量和与海洋碳酸盐化学有关的研究也以强有力的证据证明，酸化趋势受到海洋物理和化学状态的内在变率和长期变化的影响，包括受冰冻圈融化的影响。

伴随着海洋温度升高和海洋酸化，海洋生物和生态系统也发生了巨大变化，其中一个典型案例就是珊瑚对海洋条件变化的响应，特别是大规模珊瑚白化（图 6-11）。一项研究对生长在澳大利亚大堡礁上的 328 个珊瑚群的珊瑚芯进行了钙化测量，其结果表明，自 1990 年以来，这些珊瑚的钙化减少了 14.2%，至少在过去的 400 年

图 6-11　海洋温度升高和海洋酸化导致的珊瑚礁变化

第一行分别显示从珊瑚组织中取出的共生体，(a) 为陀螺珊瑚（*Turbinaria* sp.）；(b) 为多孔螅珊瑚（*Millepora* sp.）。
第二行为美属萨摩亚附近的珊瑚礁；(c) 拍摄于 2014 年 12 月，没有明显的珊瑚白化现象；(d) 为同一地点拍摄的珊瑚礁，现已严重漂白（Hoegh-Guldberg et al.，2017）

里，这一现象在大堡礁似乎是前所未有的。虽然大堡礁等地环境变化复杂，很难确定其具体驱动因素，但是，气候变化引发的升温和酸化加剧，以及水质下降的综合影响，似乎是导致观测到的变化的重要因素。在红海和东南亚的几个地方也监测到滨珊瑚群落的生长和钙化率的下降。除了对珊瑚生长、钙化和繁殖的影响外，越来越多的证据表明海洋酸化对珊瑚礁生物的一系列生理系统也会产生影响。例如，海洋酸化会削弱一些珊瑚礁鱼类的归巢能力和嗅觉辨别能力，也会对鱼类发现和躲避捕食者的能力产生潜在的影响。

# 参 考 文 献

Anav A, Friedlingstein P, Beer C, et al. 2015. Spatiotemporal patterns of terrestrial gross primary production: A review. Reviews of Geophysics, 53: 785-818.

Andrews T, Richard A B, Booth B B B, et al. 2017. Effective radiative forcing from historical land use change. Climate Dynamics, 48: 3489-3505.

Bates N R, Johnson R J. 2020. Acceleration of ocean warming, salinification, deoxygenation and acidification in the surface subtropical North Atlantic Ocean. Communications Earth & Environment, 1(1): 33.

Burrows M T, Schoeman D S, Buckley L B, et al. 2011. The pace of shifting climate in marine and terrestrial ecosystems. Science, 334: 652-655.

Burrows M T, Schoeman D, Richardson A J, et al. 2014. Geographical limits to species-range shifts are suggested by climate velocity. Nature, 507: 492-495.

Ciais P, Sabine C. 2013. Carbon and other biogeochemical cycles//Stocker T F, Qin D, Plattner G-K, et al. Climate Change 2013: The Physical Science Basis. Contribution of Working Group I to the Fifth Assessment Report of the Intergovernmental Panel on Climate Change. Cambridge, United Kingdom and New York, NY, USA: Cambridge University Press: 465-570.

Forkel M, Carvalhais N, Schaphoff S, et al. 2014. Identifying environmental controls on vegetation greenness phenology through model-data integration. Biogeosciences, 11(23): 7025-7050.

Graven H D, Keeling R F, Piper S C, et al. 2013. Enhanced seasonal exchange of $CO_2$ by Northern ecosystems since 1960. Science, 123: 9207.

Gulev S K, Thorne P W, Ahn J, et al. 2021. Changing State of the Climate System. In: Climate Change 2021: The Physical Science Basis//Masson-Delmotte V, Zhai P, Pirani A, et al. Contribution of Working Group I to the Sixth Assessment Report of the Intergovernmental Panel on Climate Change. Cambridge, United Kingdom and New York, NY, USA: Cambridge University Press:

287-422.

Hauck J, Zeising M, Le Quéré C, et al. 2020. Consistency and challenges in the ocean carbon sink estimate for the global carbon budget. Frontiers in Marine Science, 7: 852.

Hoegh-Guldberg O, Cai R, Poloczanska E S, et al. 2014. Climate Change 2014: Impacts, Adaptation, and Vulnerability Part A// Field C B, Barros V R, Dokken D J, et al. Global and Sectoral Aspects Contribution of Working Group II to the Fifth Assessment Report of the Intergovernmental Panel of Climate Change. Cambridge, United Kingdom and New York, NY, USA: Cambridge University Press: 1655-1731.

Hoegh-Guldberg O, Poloczanska E S, Skirving W, et al. 2017. Coral reef ecosystems under climate change and ocean acidification. Ices Journal of Marine Science, 4: 158.

Huang M, Piao S, Ciais P, et al. 2019. Air temperature optima of vegetation productivity across global biomes. Nature Ecology & Evolution, 3: 772-779.

IPCC. 2021a. Annex VII: Glossary//Matthews J B R, Möller V, van Diemen R, et al. Climate Change 2021: The Physical Science Basis. Contribution of Working Group I to the Sixth Assessment Report of the Intergovernmental Panel on Climate Change. Cambridge, United Kingdom and New York, NY, USA: Cambridge University Press: 2215-2256.

IPCC. 2021b. Climate Change 2021: The Physical Science Basis//Contribution of Working Group I to the Sixth Assessment Report of the Intergovernmental Panel on Climate Change. Cambridge, United Kingdom and New York, NY, USA: Cambridge University Press: 2392.

Jiang L Q, Carter B R, Feely R A, et al. 2019. Surface ocean pH and buffer capacity: Past, present and future. Scientific Reports, 9(1): 18624.

Pan N, Feng X, Fu B, et al. 2018. Increasing global vegetation browning hidden in overall vegetation greening: Insights from time-varying trends. Remote Sensing of Environment, 214: 59-72.

Piao S, Liu Z, Wang Y, et al. 2018. On the causes of trends in the seasonal amplitude of atmospheric $CO_2$. Global Change Biology, 24(2): 608-616.

Piao S, Wang X, Park T, et al. 2020. Characteristics, drivers and feedbacks of global greening. Nature Reviews Earth & Environment, 1(1): 14-27.

Rödenbeck C, Bakker D C E, Metzl N, et al. 2014. Interannual sea-air $CO_2$ flux variability from an observation-driven ocean mixed-layer scheme. Biogeosciences, 11(17): 4599-4613.

Sitch S, Friedlingstein P, Gruber N, et al. 2015. Recent trends and drivers of regional sources and sinks of carbon dioxide. Biogeosciences, 12: 653-679.

Zhu Z, Piao S, Myneni R, et al. 2016. Greening of the earth and its drivers. Nature Climate Change, 6: 791-795.

# 第 7 章
# 气候变率模态及其变化

气候系统变率模态表征气候系统的内在结构和状态，影响大尺度气候时空异常。本章介绍一些主要的海洋–大气模态，包括大气环状模、厄尔尼诺–南方涛动（ENSO）、太平洋年代际振荡、大西洋多年代际振荡以及印度洋变率模态。这些模态的主导时间尺度涵盖年际到多年代际。通常认为是气候系统的内部变率，自然因子和人为强迫均可影响其变化特征。

## 7.1 大气环状模

北半球环状模（Northern Hemisphere Annular Mode，NAM），又称北极涛动（Arctic Oscillation，AO），是主导北半球热带外地区的主要大气环流模态，主要表现为北极地区与中纬度地区之间的大气质量变化呈现纬向对称的、半球尺度的"跷跷板"结构（Thompson and Wallace，1998，2000）。当 NAM/AO 为正位相时，中纬度气压偏高、北极地区气压偏低，中纬度地区与北极地区之间的气压梯度力较大，对应的温带急流偏强，以纬向型环流为主；反之，当 NAM/AO 为负位相时，经向型环流加强，有利于极地的冷空气向中高纬地区输送。

伴随 NAM/AO 的强弱变化，不同高度气压异常中心区常存在差别。通常地面气压场上以北大西洋亚速尔群岛和冰岛附近的气压反向变化最突出，即北大西洋涛动型（Northern Atlantic Oscillation，NAO）。NAO 正（负）位相时，亚速尔群岛海平面气压（SLP）偏高（低），冰岛海平面气压偏低（高）（Walker，1932）。单独对北大西洋气压进行分析，NAO 的空间模态在北大西洋海区与基于北半球气压分析得到的 NAM/AO 非常相似，但 NAM/AO 的纬向对称性更好，特别是对流层中高层。此外，NAO 大气活动中心的位置和强度季节变化差异很大，在冬季信号明显且涛动强烈，涛动中心的位置偏北，夏季涛动强度比冬季弱，中心位置南移。

NAM/AO 和 NAO 的指标定义通常有两种方式。一是经验正交函数（empirical orthogonal function，EOF）方法。例如，AO 的经典定义为北半球 20°N 以北中高纬度海平面气压场的 EOF 第一模态，NAM 则可以看作是 AO 的高空表现，常定义为从对流层到平流层低层各层位势高度场的 EOF 第一模态。二是海平面气压差，包括单站 SLP 差和区域平均 SLP 差，如经典的 NAO 指数刻画亚速尔群岛和冰岛之间 SLP 的反向变化；或者利用与 NAM/AO 相关的两个大气环状活动纬度带（35°N 和 65°N），取 2 个纬度带的纬向平均 SLP 的差，定义北半球环状模指数。分析表明，NAM/AO 与 NAO 指数的时间序列之间存在高度一致性。因此，多数学者认为 NAM/AO 与 NAO 本质上是一致的，都是北半球中高纬度地区大气质量的振荡，只不过 NAM/AO 水平尺度更大，而 NAO 是 NAM/AO 在北大西洋海区的局地表现（Wallace，2000）。因此，研究中 NAM/AO 和 NAO 常常混用。

观测资料显示，20 世纪 60 年代至 90 年代初期，冬季 NAM/AO 与 NAO 均呈现强烈的增强趋势，但此后增强趋势逐渐减弱。最新的研究指出，自 1990 年以来，夏季 NAO 一直表现为显著的减弱趋势，冬季 NAO 也在较小程度上显著减弱，这样的变化趋势可能与格陵兰岛上空的阻塞活动增强有关。2015 年以后 NAO 正位相比较明显。基于近百年台站观测和再分析数据的统计显示，NAM/AO 存在年代际波动，其北大西洋中心的强度在 1920～2010 年基本保持不变，而北太平洋中心的强度在 1920～1959 年和 1986～2010 年较强，在 1960～1985 年较弱。NAO 活动中心的位置也表现出年代际尺度的波动。基于个别站点更长时段的不完整的观测和其他资料的补充，可将 NAO 序列延伸到 17~18 世纪，重建结果显示 NAO 序列存在明显的年代际尺度变率。

很多研究使用气候代用资料把 NAO 序列扩展到更长时间。这些代用资料主要涵盖百年、千年尺度及更长的地质时期，主要依靠海洋和湖泊的沉积物、洞穴化石、树木年轮和冰芯等代用资料。例如，Olsen 等（2012）对过去 5200 年的 NAO 重建，结果显示，中世纪暖期 NAO 呈现持续正位相。

在北半球冬季，NAM/AO 和 NAO 对北大西洋周边的欧洲、北美洲及其下游的亚洲大陆中高纬度地区气温和降水有着重要影响。对于北大西洋及周边区域而言，当 NAM/AO 和 NAO 为正位相时，北大西洋地区气旋性环流加强，将来自温暖洋面的暖湿空气带到北欧大陆，使欧洲气温异常偏高、降水偏多，而中纬度的反气旋环流使北美洲的气温异常偏高；当 NAM/AO 和 NAO 为负位相时，环流异常与上述情况大致相反，北半球中纬度地区气温总体偏低。此外，NAM/AO 和 NAO 与冬季极端低温、寒潮事件的发生频率及类型也存在密切联系。

南半球环状模（Southern Annular Mode，SAM），又称南极涛动（Antarctic Oscillation，AAO），是南半球热带外地区大气环流变化的主导模态，反映了南半球中高纬度两个环状活动带之间大气质量"跷跷板"式的变化，具有纬向对称和绕极环状的特征。在垂直方向上，在南半球对流层整层呈现出显著的相当正压结构（Gong and Wang，1999；Thompson and Wallace，2000）。不同季节看，SAM 在南半球夏季（12 月至次年 2 月）和秋季（3~5 月）具有较好的带状纬向对称性，而在南半球的春季和冬季其在太平洋上空的区域中心表现更为明显。

与 NAM 类似，SAM 指数主要有两种计算方式：一种是将南半球中高纬 SLP、风场、位势高度场进行 EOF 分析，得到的第一模态定义为 SAM 指数；另一种是将南半球中高纬度纬向平均的气压差作为 SAM 指数，常用 $40^{\circ}$S 和 $65^{\circ}$S 的平均 SLP 差。当 SAM 为正位相时，绕极地区的 SLP（或位势高度场）为负异常，中纬度地区为正异常，并伴随绕极西风气流加强及向南极的偏移；当 SAM 为负位相时，对应的环流异常相反，西风急流偏弱且向赤道偏移（图 7-1）。

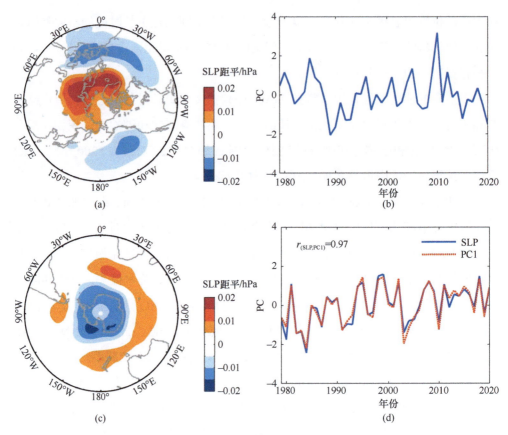

图 7-1 环状模及时间序列

（a）北半球 12 月至次年 2 月 SLP 距平 EOF 分析第一模态（29.2%）；（b）对应的时间系数（PC）；（c）南半球 12 月至次年 2 月 SLP 距平 EOF 分析第一模态（36.2%）；（d）对应的时间系数（虚线）和 40°S 与 65°S 纬圈平均 SLP 的差（实线）。根据 ERA5 资料计算

观测记录和再分析资料反演得到百年尺度的 SAM 总体上为正位相，SAM 指数表现出显著的年际和年代际振荡。1950 年之后 SAM 指数呈强烈的增强趋势，特别是在南半球的夏、秋两季，直到 2000 年之后，SAM 指数的增强趋势略有减弱。历史时期的 SAM 指数重建方式通常分为两类：一类是利用纬向风的位置和强度作为 SAM 的标定对象，最新的研究结果表明，全新世早期 SAM 以正位相为主；另一类是基于树木年轮、冰芯、湖泊沉积物和珊瑚等对温度、降水等变量敏感的记录，重建 SAM 指数。重建的 SAM 指数在 1800 年之后呈稳定状态或下降

的趋势，到 1950 年达到低值，随后出现显著上升趋势。

近几十年 SAM 指数持续正位相可能与两个主要的影响因子有关，包括平流层 $O_3$ 的变化和人类活动引起的温室气体的排放。一些数值试验发现，平流层 $O_3$ 损耗，可引起南半球环流场的变化，突出的是增强高纬度的西风；温室气体则会引起地表和对流层增温，同时平流层相应出现降温，而南北半球海陆分布格局的差异使得南半球平流层的温度降低更为明显，南极上空经向温度梯度的加大，导致 SAM 正位相的高指数。

SAM 的异常活动不仅显著调控南半球陆地上的气候变化，同时通过海气相互作用对南半球的海洋和海冰产生重要影响（Fogt and Marshall，2020）。当 SAM 处于正位相时，南半球呈现高纬度的冷海温和中纬度的暖海温异常分布；南极大陆温度正异常，而南极洲东部和西部大部分地区出现负异常；南半球高纬度降水正异常及中纬度的负异常。此外，SAM 信号也可以越过赤道影响北半球气候，一方面 SAM 通过大气环流的变化影响北半球；另一方面，前期 SAM 信号通过海气相互作用将信号储存在海洋中，由于海洋的热惯性，可以持续到随后的季节，进而间接影响北半球气候。

## 7.2　厄尔尼诺–南方涛动

厄尔尼诺（El Niño）是指赤道中东太平洋海温异常偏暖的现象；拉尼娜（La Niña）是指赤道中东太平洋海温出现异常偏冷的现象。南方涛动（Southern Oscillation）是指澳大利亚—印度尼西亚和热带南太平洋海平面气压反向变化的现象。这两种密切相关的海洋、大气现象统称为厄尔尼诺–南方涛动（El Niño-Southern Oscillation，ENSO）。ENSO 是年际尺度上热带太平洋海气相互作用的第一模态，典型周期为 2～7 年。

ENSO 具有多种不同的空间模态，根据海温异常中心位置的纬向变化，通常可以分为两种类型，即以热带东太平洋海表温度异常为主的东太平洋型（Eastern Pacific，EP）ENSO 和以热带中太平洋海表温度异常为主的中太平洋型（Central

Pacific，CP）ENSO（图 7-2）。EP 型 ENSO 事件海表温度异常首先出现在赤道东太平洋以及南美洲西海岸附近，随着 ENSO 的发展，海温异常存在显著向西传播的特征；CP 型 ENSO 事件发生时赤道太平洋海表温度异常的分布特征表现为纬向三极分布：中太平洋海表温度异常偏高，东、西太平洋海表温度异常偏低，并且在 ENSO 事件的生成、发展、消亡整个过程中，海表温度异常一直都维持在太平洋中部。Wang 等（2013）根据北半球大气环流与海温的关系，提出 Mega-ENSO 的概念，用以表征太平洋地区海表温度东—西向的梯度变化特征。在空间上，Mega-ENSO 包括热带太平洋及其副热带延伸区，定义为西太平洋与东太平洋海区之间海表温度的差值。在时间上，其具有从年际到年代际的多时间尺度特征。Mega-ENSO 被认为是北半球夏季风年代际变率的主要影响因子之一。

为了监测厄尔尼诺的发生和消亡，世界气象组织在太平洋赤道地区设了 6 个区，计算这 6 个区的平均表面海温并将其作为监测指标。其中，尼诺 1 区、2 区、3 区、4 区及 3.4 区等几个区最为重要。尼诺 1 区、2 区为南美西岸沿海区（分别是 90°W 以东，5°S～10°S 以及 90°W 以东，5°S～0°）；尼诺 3 区为东太平洋赤道区（90°W～150°W，5°S～5°N）；尼诺 4 区为中太平洋赤道区（150°E～160°W，5°S～5°N）；尼诺 3.4 区介于 3 区和 4 区之间（120°W～170°W，5°N～5°S）。国际上普遍采用尼诺 3.4 区平均表面海温，当其距平超过 0.5℃且维持超过 5 个月及以上，即一次厄尔尼诺事件；反之，其距平低于-0.5℃且维持超过 5 个月及以上，则称为拉尼娜事件。不同国家所用指标和标准略有不同。其他一些用于表征 ENSO 事件的指数包括跨尼诺指数（trans-Niño Index，TNI）指数、海洋尼诺指数（ocean Niño index，ONI）指数及基于海表气压的南方涛动指数（Southern Oscillation index，SOI）指数等。

古气候代用资料和数值模拟的结果均表明，无论是在偏冷还是在偏暖的地质历史时期（如末次冰盛期和中上新世暖期），热带太平洋地区都存在 ENSO 的年际变化信号，大量研究工作表明，中全新世时期 ENSO 信号相对于现代气候是减弱的（White et al.，2018；Grothe et al.，2019）。在千年–百年时间尺度上，有研究指出，近千年来 ENSO 是逐渐增强的，但其中小冰期 ENSO 的振幅变化仍存在争议。器测时期以来，赤道太平洋海区东—西向海温梯度没有显著趋势，El Niño

和 La Niña 事件发生频次也无显著的长期变化特征。但自 1950 年以来，ENSO 的振幅相对于 1910～1950 年显著增加。此外，大量研究发现，近几十年来，尤其是 2000 年之后，CP ENSO 事件的比例有所增加（Yu and Kim，2013；Jiang and Zhu，2018）。

ENSO 事件对区域乃至全球的气候都会产生显著影响。当 El Niño 事件发生时，海洋上热带气旋数量偏少但强度偏强，南美洲北部、澳大利亚、东南亚可能出现严重干旱，南美洲中南部则降雨偏多，容易引发洪涝灾害；而我国往往出现暖冬，一般呈现"南涝北旱"的降水格局。当 La Niña 事件发生时，海洋上热带气旋数量偏多，非洲中部、美国东南部等地常发生干旱，巴西东北部、印度和非洲南部等地容易出现洪涝；而我国往往出现冷冬，降水格局以"南旱北涝"为主。

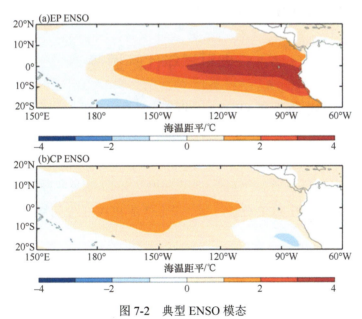

图 7-2 典型 ENSO 模态

（a）东太平洋型，为 1997/1998 年冬季；（b）中太平洋型，为 2009/2010 年冬季。二者均为暖位相即 El Niño 状态

强 El Niño 事件（如 1982/1983 年、1991/1992 年、1997/1998 年、2015/2016 年等）会对全球气候产生更显著的影响，造成世界上许多地区出现强烈的灾害性天气。以 2015/2016 年 El Niño 事件为例，相比于 1982/1983 年和 1997/1998 年事

件，此次事件持续时间最长、累计强度最强、峰值强度最大，是 1951 年以来最强的 El Niño 事件（Xue and Kumar，2017）。拉丁美洲多地出现了暴雨洪涝，澳大利亚夏季遭受高温热浪侵袭，南非地区遭遇干旱并引发粮食危机，东南亚国家森林火灾等自然灾害频发，我国夏季华北、河套地区、内蒙古中部和环渤海湾地区降水显著减少，南方地区降水显著增多。

作为年际尺度全球气候异常最强的信号，ENSO 导致的区域非绝热加热可通过大气环流影响热带及热带外气候，重要的一些物理过程，如通过影响热带的大气环流异常（Walker 环流、Hadley 环流等）、激发大气波列（如太平洋–北美型波列、Gill 型响应等）影响域外环流和气候；还可通过海洋过程（如海洋 Rossby 波、Kelvin 波）等间接影响气候。通常 ENSO 相关的海气异常有数月甚至数季的跨度，其也是短期气候预测可预报性的重要来源。

## 7.3　太平洋年代际振荡

太平洋年代际振荡/变率（PDV）是近年来受到关注的一种跨太平洋洋盆的年代际时间尺度上的气候变率信号。PDV 可以用太平洋年代际振荡（IPO）指数来表征，常用的定义方法包括：

（1）EOF 分析，整个太平洋地区海表温度（SST）去除年际的 ENSO 信号，经低通滤波，然后进行 EOF 分析，第一模态就是 PDV 的空间特征，对应的主分量就是 IPO；

（2）异常中心海温的组合，Henley 等（2015）采用三极子指数来刻画 PDV，定义为赤道太平洋（$10°S\sim10°N$，$90°W\sim170°E$）SST 与中纬度北部（$25°N\sim45°N$，$140°E\sim145°W$）和南部（$50°S\sim15°S$，$150°E\sim160°W$）太平洋 SST 平均值的差值；

（3）传统上的做法，将北太平洋 $20°N$ 以北 SST 异常第一主分量定义为太平洋年代际振荡（PDO）指数（Mantua et al.，1997）。

实际分析中，这些描述 PDV 的方法得到的指数均高度相关。研究中 PDV 和 PDO 也常等同混用。

在 PDO 暖位相（或称为暖事件）时，热带中东太平洋异常暖，北太平洋中部异常冷，而沿北美西岸却异常暖；反之，则为 PDO 冷位相（或称为冷事件）。近百年来的 PDO 指数时间序列显示，最突出的变化周期为 20～30 年，其中在 20世纪 20 年代、40 年代和 70 年代及 1999 年左右发生位相转换（图 7-3）。

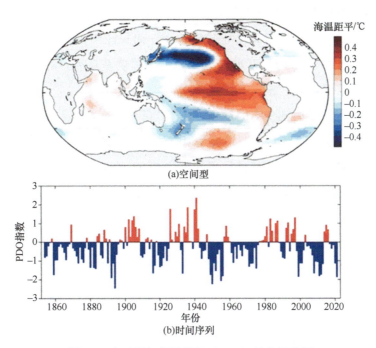

图 7-3　太平洋年代际振荡（PDO）的空间特征

（a）PDO 指数与 SST 的回归系数，根据 ERSSTv5 资料计算；（b）北太平洋 20°N 以北 SST 距平 EOF 第一模态的时间系数，定义为 PDO 指数，已标准化处理

PDO 和 ENSO 关系密切，是 ENSO 年际变化的重要背景，并对 ENSO 事件起到调制作用。PDO 暖位相时，有利于 ENSO 事件发生；而 PDO 冷位相时，多出现拉尼娜事件。PDO 与全球不同区域大气环流和气候异常有密切联系。PDO的大气方面对应北太平洋涛动，在 PDO 暖位相，阿留申低压异常降低，而北美西部和副热带太平洋地区气压异常升高。相应地，北美西北部气温异常偏高；在热带地区，PDO 正位相与亚马孙暖干化异常加剧、印度和西非季风减弱、澳大利亚干旱风险增加等有密切关系。此外，PDO 对东亚大气环流和气候异常也

有影响（杨修群等，2004）。例如，在 PDO 暖位相的冬季，中国大部分地区降水偏少，这主要是由于冬季蒙古高压异常偏强、东亚冬季风偏强，中国大部分地区受西北气流的影响，因此不利于降水的产生。中国东北、华北和西北地区气温异常偏高，而西南、华南地区气温偏低。中国冬季气温"北暖南冷"型年代际变化与 PDO 引起的东亚大气环流异常有很大的关系。在 PDO 暖位相的夏季，华北地区、长江上游等地降水异常偏少，而长江中下游和华南南部地区降水异常偏多。PDO 是 20 世纪 70 年代末以后中国夏季降水异常"南涝北旱"分布格局形成的重要原因之一。

PDO 是气候系统内部变率的结果，是年代际气候变率的重要强迫因子。在观测资料中没有表现出明显的长期趋势。现有的气候系统模式（如参加 CMIP5 和 CMIP6 的气候模式）能够较好地模拟和预估 PDO 的空间特征和变化强度。基于观测对模拟的 PDO 进行约束，是提高 21 世纪全球近期乃至中期气候的预估水平的重要途径。

## 7.4  大西洋多年代际振荡

大西洋多年代际振荡（AMO）指发生在北大西洋，具有洋盆尺度的海表温度冷暖位相交替出现变化的现象，时间上具有 65～80 年周期，是大西洋多年代变率的一个重要指标。常用的指标取整个北大西洋海温进行平均，同时减掉全球平均海温以去掉全球变暖的背景（Trenberth and Shea，2006）。

在 AMO 暖位相时，整个大西洋区域 SST 异常偏暖，平均 SST 偏高 0.4℃，SST 最大值中心位于北大西洋副极地环流区。从 AMO 指数的时间序列看，在 1856～1889 年、1930～1965 年和 1995 年至今表现出暖位相；在 1900～1925 年和 1965～1995 年表现出冷位相。

AMO 对全球和区域气候异常变化具有明显作用。AMO 暖位相时，南美洲东南部及北美洲大平原降水减少，气温偏高；欧洲西部降水增多，气温升高。巴西东北地区的降水有着显著的季节性，北半球冬季和春季是雨季，夏季降水很少，其变化受热带辐合带（ITCZ）的直接影响。AMO 暖位相时，ITCZ 位置北移，导致巴西东北部春季降水减少。非洲西部降水同样受 ITCZ 的直接影响。当 AMO 处于暖位相时，ITCZ 的北移给西非地区带来更多的夏季降水，如萨赫勒和加勒比海盆地降水显著增多。北大西洋海温的升高与飓风数量有很好的正相关，AMO 暖位相时，北大西洋飓风源区风场垂直切边减弱，有利于飓风的产生和维持，同时海温的升高也为飓风提供了更多的能量补给。AMO 对东亚气候同样有明显的影响。AMO 暖位相有利于东亚冬季风减弱，导致东亚气候的增暖，并在一定程度上增强了东亚夏季风。

　　AMO 主要是气候系统的一种自然变率，一些研究认为大西洋经向翻转环流（AMOC）和北大西洋涛动（NAO）是 AMO 位相转变的重要驱动因子。数值模式长期模拟可以揭示大西洋 SST 呈现 AMO 型变化，在 RCP8.5 情景下，CMIP5 多种模式预估未来 AMO 的属性变化不大。然而，Hand 等（2020）基于一种模式集合研究方法发现未来变暖情景下，AMOC 均值和变率将会减弱，会造成 AMO 空间模态发生大的改变（图 7-4）。

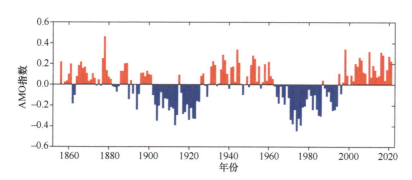

图 7-4　1856～2021 年 AMO 指数时间序列
AMO 指数定义为北大西洋（0°～60°N，80°W～0°）区域 SST 均值与全球平均 SST 值的差，即代表去除全球温度背景信号后的北大西洋区域海温状况。根据 ERSSTv5 资料计算

## 7.5　印度洋变率模态

　　热带印度洋 SST 的年际变率存在两个主要的空间模态。对热带印度洋的 SST

距平进行经验正交分析，得到的第一空间分布型为与整个热带印度洋海盆表现一致的符号变化，即印度洋海盆模态（Indian Ocean basin-wide mode，IOBM），该模态的方差贡献约占总方差的 30%。第二空间模态为热带印度洋东、西部 SST 异常呈相反符号的特征，即印度洋偶极子模态（Indian Ocean dipole mode，IODM），该模态的方差贡献约占总方差的 12%。IODM 的东西向偶极子的分布特征并不仅仅表现在 SST 这一个物理量上，海洋热含量、海平面高度、海洋次表层温跃层厚度、海平面气压场等也存在类似的偶极子结构（Saji et al.，1999；Webster et al.，1999）。因为 SST 异常呈现东西向符号相反的形态且伴随着纬向风和东西部降水的异常，IODM 也被称为印度洋纬向模态（Indian Ocean zonal mode，IOZM）。

普遍认为，IOBM 主要是与沃克环流相关的大尺度环流变化对 ENSO 的响应，而 IODM 的形成依赖于印度洋的海气耦合情况。由于热带印度洋受季风控制，苏门答腊岛沿海区域 4～10 月平均的气候态风场为东南风，顺岸风引起离岸流，从而造成赤道东印度洋温跃层变浅及上升流增强，赤道会出现东风，这个沿赤道的地表东风激发 Bjerknes 反馈机制产生 IODM。因此，IODM 具有显著的季节锁相特征，一般从北半球夏季开始发展，秋季达到最大幅度，然后随着东南风的减弱在冬季之前逐渐衰退。

除了 EOF 定义之外，还常用热带印度洋 3～5 月平均的 SST（20°S～20°N，40°E～100°E 或 40°E～120°E）作为 IOBM 的表征指数。对于 IODM，通常用赤道印度洋西部（10°S～10°N，50°E～70°E）和东部（10°S～0°，90°E～110°E）之间的归一化 SST 的差来表征，也叫偶极子指数（DMI）。对于有明确季节特征的时期（如 1980～1998 年），IODM 也可以用秋季 SST 距平进行 EOF 分析，用其主分量来表征。在一些研究中，也有使用印度洋 20℃ 等温线深度进行 EOF 分解，用主模态来表征 IODM 的。

此外，在年代际尺度上存在类 IOBM 和类 IODM 的空间特征。SST 去掉线性趋势后，只对 SST 的年代际分量进行 EOF 分析，主模态即年代际 IOBM。年代际 IODM 是印度洋秋季 SST 进行 10 年低通滤波后，EOF 分解的第二模态，也可以用 10 年低通滤波后的东西赤道印度洋的 SST 距平之差来表征。

这两种模态在年际尺度上的变化均与 ENSO 呈正相关。IODM 往往在从北半球夏季到秋季的 ENSO 发展时期出现,随后 IOBM 在 ENSO 峰值期出现,并在接下来的几个季节里持续发展。IODM 具有很强的季节锁相特征,IODM 事件的发生和消亡常发生在同一年。此外,IODM 依赖于季风环流,具有和季风变化周期相似的准两年震荡。基于珊瑚重建数据的分析表明,在 ENSO 的调节下,IOBM 具有 3~7 年的主导周期。

研究表明,20 世纪 60 年代和 90 年代频发的正 IODM 事件,可能与东印度洋相对较浅的温跃层有关,而 20 世纪 70~80 年代主要的负 IODM 事件与温跃层偏深有关。基于古生物重建的结果也表明,IODM 变率的波动取决于印度洋海气耦合条件的转变,IODM 波动的最低值出现在距今 2ka 左右,最高值出现在 4.6ka 左右,其次是近现代(1990~2003 年)。IOBM 增暖维持时间的长短也存在着年代际差异,20 世纪 70 年代末期后 IOBM 增暖能维持到夏季,而之前 IOB 衰退得很快常不能维持到夏季。IOBM 年际变化的活动中心在 20 世纪 70 年代末之前位于热带印度洋南部,70 年代末以后北移至阿拉伯海。在多年代际变率上,1870~1890 年、1930~1955 年和 1975~1992 年是 IOBM 活跃时期,在 1940~1975 年 IOBM 的年代际变率占主导地位。IOBM 的变化与更大尺度范围的变暖也有关。

全球变暖条件下,热带印度洋未来中长期的气候平均状态的变化可能表现为类似于正 IODM 的形式,即西部比东部的变暖速度更快。这种变化可能会导致 IODM 事件振幅的降低。CMIP 模式的模拟结果显示,在高排放情景下,极端正 IODM 事件的变异性将显著增加,中等强度 IODM 事件的变异性降低。

总体来看,IODM 事件具有很强的不对称性,在正 IODM 事件中东印度洋的 SST 冷异常要比负 IODM 事件中的 SST 暖异常的幅度要大。这是因为印度洋东部平均的温跃层较深,在正 IODM 事件过程中,变浅的温跃层异常通过温跃层-SST 反馈机制能够更有效地改变表层 SST。而在负 IODM 事件发展的过程中,加深的温跃层叠加在平均气候态较深的温跃层上,使得温跃层–SST 反馈机制的效应不显著。振幅的不对称性使得 IODM 反馈过程及其导致的气候效应在 IODM 正位相时更强。例如，在 1997 年极端正 IODM 事件的高峰期，明打威群岛南部的月平均 SST 和降雨异常分别达到–3.5℃和–7.0 mm/d。

IOBM 与 ENSO 之间存在强相关，但是 IODM 与 ENSO 之间的关系尚有争议。IODM 常常与 ENSO 位相重合，与 IOBM 不同的是 IODM 可因为印度洋的海气作用而形成，即 IODM 可以在不受 ENSO 影响的情况下产生。即使是极端的 IODM 事件也可以独立于厄尔尼诺事件，如 1961 年、1975 年和 2009 年的 IODM 事件。当然，印度洋可通过影响局地的对流加热和热带印度洋–太平洋沃克环流，对 ENSO 起反馈作用。IOBM 增暖会激发大气开尔文波向东传播，使得赤道中西太平洋出现东风异常，削弱有利于厄尔尼诺继续维持的西风异常，对厄尔尼诺有减弱的作用；而正 IODM 会引起赤道西太平洋出现西风异常，有利于厄尔尼诺的继续维持（图 7-5）。

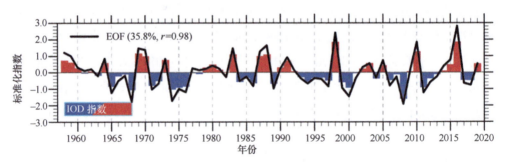

图 7-5　IOD 指数（柱状图）和 EOF 第一模态的时间系数（黑色实线）
IOD 指数定义为西赤道印度洋（10°S～10°N，50°E～70°E）和东赤道印度洋（10°S～0°，90°E～110°E）标准化 SST 之差，正位相对应西印度洋 SST 正距平、东印度洋 SST 负距平

IOBM 与西北太平洋季风强度、热带气旋活动以及东亚降水异常有关。尽管 IOBM 相关的气候异常常被视为北半球冬季到次年春季 ENSO 影响的一部分。另外，IOBM 在调节 ENSO 对多个地区的影响方面发挥着重要作用。ENSO 产生的赤道太平洋 SST 异常通常在夏季消失，而 IOBM 在其后的亚洲和西北太平洋的气候异常中起主导作用。北半球夏季，IOBM 可导致东南亚和东亚的降水和地面气温的经向偶极子异常，IOBM 正位相时，东亚中纬度地区较凉爽潮湿，东南亚较温暖干燥。这些环流异常可进一步影响暴雨和热浪等极端事件的发生。此外，

IOBM 正位相不利于西北太平洋夏季热带气旋的形成,可导致台风开始季节推迟。

观测表明,IODM 可影响印度尼西亚和澳大利亚降水、印度夏季风、东非降水、日本夏季高温以及南半球热带外地区等气候。IODM 正位相时,热带非洲东部从北半球秋季到初冬的降水量偏多,这些异常也与 ENSO 有关,但 IODM 解释方差更大。海洋性大陆地区,在 IODM 正位相和厄尔尼诺事件情况下,偏强的低层辐散和与高层辐合导致降水和温度的异常,同时,相邻的澳大利亚西部和东南部的降水偏少。此外,IODM 通过改变西印度洋上的水汽输送和局地哈得来环流来影响南亚夏季风降水。

# 参 考 文 献

杨修群, 朱益民, 谢倩, 等. 2004. 太平洋年代际振荡的研究进展. 大气科学, 28(6): 979-992.

Fogt R L, Marshall G J. 2020. The Southern Annular Mode: variability, trends, and climate impacts across the Southern Hemisphere. Wiley Interdisciplinary Reviews: Climate Change, 11(4): 1-24.

Gong D Y, Wang S W. 1999. Definition of Antarctic Oscillation index. Geophysical Research Letters, 26(4): 459-462.

Grothe P R, Cobb K M, Liguori G, et al. 2019. Enhanced El Niño-Southern Oscillation variability in recent decades. Geophysical Research Letters, 46(7): e2019GL083906.

Hand R, Bader J, Matei D, et al. 2020. Changes of decadal SST variations in the subpolar North Atlantic under strong $CO_2$ forcing as an indicator for the ocean circulation's contribution to Atlantic Multidecadal Variability. Journal of Climate, 33(8), 3213-3228.

Henley B J, Gergis J, Karoly D J, et al. 2015. A tripole index for the interdecadal Pacific Oscillation. Climate Dynamics, 45(11): 3077-3090.

IPCC. 2021. Climate Change 2021: The Physical Science Basis//Contribution of Working Group I to the SixthAssessment Report of the Intergovernmental Panel on Climate Change. Cambridge, United Kingdom and New York, NY, USA: Cambridge University Press: 2392.

Jiang N, Zhu C. 2018. Asymmetric changes of ENSO diversity modulated by the cold tongue mode under recent global warming. Geophysical Research Letters, 45(22): 12506-12513.

Mantua N J, Hare S R, Zhang Y, et al. 1997. A Pacific interdecadal climate oscillation with impacts on salmon production. Bulletin of the american Meteorological Society, 78(6): 1069-1080.

Olsen J, Anderson N J, Knudsen M F. 2012. Variability of the North Atlantic Oscillation over the past 5200 years. Nature Geoscience, 5(11): 808-812.

Saji N H, Goswami B N, Vinayachandran P N, et al. 1999. A dipole mode in the tropical Indian Ocean. Nature, 401: 360-363.

Thompson D W J, Wallace J M. 1998. The Arctic Oscillation signature in the wintertime geopotential height and temperature fields. Geophysical Research Letters, 25(9): 1297-1300.

Thompson D W J, Wallace J M. 2000. Annular modes in the extratropical circulation. Part I: Month-to-month variability. Journal of Climate, 13(5): 1000-1016.

Trenberth K E, Shea D J. 2006. Atlantic hurricanes and natural variability in 2005. Geophysical Research Letters, 33: L12704.

Walker G T. 1932. World weather. Memoirs of the Royal Meteorological Society, 4(36): 53-84.

Wallace J M. 2000. North Atlantic Oscillation / Annular Mode: Two paradigms - one phenomenon. Quarterly Journal of the Royal Meteorological Society, 126(564): 791-805.

Wang B, Liu J, Kim H J, et al. 2013. Northern Hemisphere summer monsoon intensified by mega-El Niño/Southern Oscillation and Atlantic Multidecadal Oscillation. Proceedings of the National Academy of Sciences of the United States of America, 14(110): 5347-5352.

Webster P J, Moore M D, Loschnigg J P, et al. 1999. Coupled ocean-atmosphere dynamics in the Indian Ocean during 1997-1998. Nature, 401: 356-360.

White S M, Ravelo A C, Polissar P J. 2018. Dampened El Niño in the early and mid-Holocene due to insolation-forced warming/deeping of the thermocline. Geophysical Research Letters, 45(1): 316-326.

Xue Y, Kumar A. 2017. Evolution of the 2015/16 El Niño and historical perspective since 1979. Science China Earth Sciences, 60(9): 1572-1588.

Yu J Y, Kim S T. 2013. Identifying the types of major El Niño events since 1870. International Journal of Climatology, 33(8): 2105-2112.

本章主要综合回顾气候系统的变化，讨论气候系统能量分配，以及回顾工业革命以来气候系统大气和水循环、海洋、冰冻圈、碳循环、陆面气候等方面的最新的科学结论及气候变化最新的一些证据。

## 8.1 地球能量收支变化及其在气候系统中的分配

地球能量至少自 20 世纪 70 年代以来处于辐射不平衡状态，即进入大气层顶的能量大于从大气层顶逸出的能量（图 8-1）。这些过剩能量的少部分用于加热大气和陆地、水面蒸发和冰雪融化，大部分则进入了海洋，被海洋所吸收。海洋的热吸收之所以显著，是因为与大气相比海洋的体量非常大且具有巨大热容量。此外，与冰雪相比，海洋的反照率很低，可以吸收大量太阳辐射。

这些能量分配是如何计算的？首先，用于加热大气和蒸发的能量变化是通过卫星观测的对流层低层和平流层低层气温距平估算得到的。温度距平被转化为能量变化时涉及一些关键参数，如大气总质量 $5.14 \times 10^{18}$ kg，大气水汽总量 $1.27 \times 10^{16}$ kg，以及大气水汽增长项 $7.5\%/℃$，热容量 1 J/（g·℃），蒸发潜热 4.464 J/kg。

经计算，1970～2000 年地球能量的线性增长达 2TW（1TW=10^{12}W）（图 8-2）。

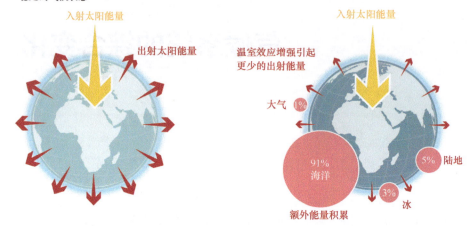

图 8-1　地球气候稳定状态和受过量温室气体排放引起的地球系统能量收支示意图

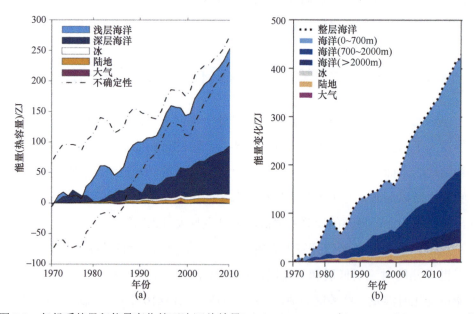

图 8-2　气候系统累积能量变化第五次评估结果[（a）1970～2010 年，IPCC WGI AR5 SyR]和
第六次评估结果[（b）1970～2018 年，IPCC WGI AR6]

这些能量对陆地的加热是通过钻孔温度剖面估算得到的，时间区间为 1500～2000 年，以 50 年为间隔。1950～2000 年的加热能量为 7TW，并延续到 21 世纪第一个 10 年。

用于融雪的能量是基于雪冰热传导（$3.34×10^5$J/kg）和淡水冰的密度（920 kg/m$^3$）这两个关键参数计算得到的。由于雪冰参数的变化和其他因素的影响可忽略不计，这样 1971～2010 年用于融冰的能量为 7TW。

上层海洋（0～700 m）的热含量是在全球大洋的有限测值基础上经插值得到的。1971～2010 年的线性计算值为 137TW。对于 700～2000m 深度的海水，1970～2009 年的数值是 5 年滑动平均值，1980～2011 年则取年平均值。2000m 以下深度的海水计算有很大不确定性，使用 1992～2005 年约 35TW（6～61TW）的估算值，并将此能量增速进一步用于 1992～2011 年的计算。总之，1971～2010 年，加热600m 以下海洋的能量估算约为 62TW。

从 IPCC AR5 的结论来看，1971～2010 年，全球气候系统获得了额外的能量，达 274（196～351）ZJ（1 ZJ=$10^{21}$ J），线性年增长率达 213TW/a。海洋吸热占 93%，是气候系统中最主要的能汇，用于加热陆地和冰雪消融的各占 3%，加热大气的能量仅占 1%。

IPCC AR6 对人类活动引起的气候系统增暖的能量增加比例又进行了更新，相对于全球表面温度，全球储存的总能量呈现出更小的变率，因此具有更加强烈的气候变化信号。全球能量存储在 1971～2018 年和 2006～2018 年分别增加了 435（325～545）ZJ 和 153（100～206）ZJ，超过 90%的能量加热了海洋。2006～2018 年全球储存的能量相当于 2018 年全球消耗能量的 20 倍。人类活动导致的有效辐射强迫（ERF）驱动了地球系统的加热，强度达到 2.72W/m$^2$，这一数值相对于 IPCC AR5的数值增加了 0.43，AR5 较低的数值主要是因为气溶胶强迫抵消了一部分加热。

## 8.2　气候系统的变化状态

气候系统变暖是毋庸置疑的。自 20 世纪 50 年代以来，许多观测到的变化是过去几十年到几千年里前所未有的。气候系统的所有分量都发生了明显的变化：大气和海洋变暖，冰雪减少，海平面上升，海洋酸化且含氧量下降，大气中温室气体浓度增加。

最新的评估指出，自 IPCC AR5 以来，气候系统有关物理和生物地球化学状态的变化仍在持续，本节总结了一组关键的大尺度气候指标在现代（1850 年至今）的变化，还讨论了与气候的长期演变有关的变化。

## 8.2.1　工业化以来的变化

自 18 世纪以来，在整个仪器观测时期，对气候系统各个圈层进行了越来越详细的观测和研究。对大气圈的观测主要包括陆地地面测站观测，船舶和浮标进行的海洋表面的观测，水下仪器、卫星和地面遥感及通过飞机和气球进行的观测。这些仪器观测与古气候重建和历史文献相结合，形成了整个气候系统过去和现在状态演变的详细的图像，从而帮助评估不同圈层的变化。

图 8-3 表明，气候系统正在经历一系列全面的变化。它显示了在器测时代一系列关键变化指标的变化。随着时间的推移，从一种颜色到另一种颜色的转变说明气候系统所有组成部分的条件是如何变化的。对于这些特定指标，如果观测到的变化幅度超出气候系统的年际和年代际变率，则称为气候变化信号的萌现。

气候系统变暖最常见的表现是观测到的全球平均地表温度（GMST）的增加。以 1850～1990 年为基准，GMST 到 2011～2020 年的变化为 1.09（0.95～1.20）℃。据评估，这一量级与归因于人类活动的全球地表气温是一致的。

同时，一系列大气温室气体的浓度也在增加。$CO_2$ 是目前人为气候变化的最强驱动因素，其浓度从 1850 年的（285.5±2.1）ppm 增加到 2019 年的（409.9±0.4）ppm，$CH_4$ 和 $N_2O$ 的浓度也在增加。

水循环也在变化。由于地表和大气之间的水分交换增加，水循环正在加强。然而，由此产生的降水变化的区域模态与地表温度变化截然不同，其年际变率也更大。近几十年来，北半球温带地区陆地区域年降水量呈增加趋势，而副热带干旱地区降水呈减少趋势。

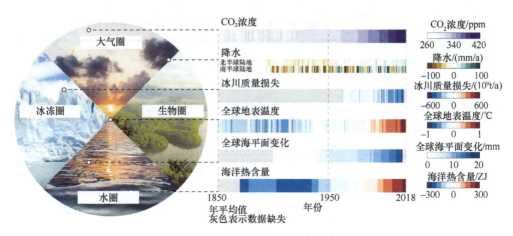

图 8-3 整个气候系统都在发生变化

左：气候系统的主要圈层，即大气圈、生物圈、冰冻圈和水圈。右：自 1850 年以来持续变化的 6 个关键指标。每个条纹都表示全球（降水除外，降水显示两个纬度带平均值）相对于多年基准（$CO_2$ 浓度和冰川质量损失除外，它们是绝对值），单个年份的年平均异常。灰色表示数据不可用。使用的数据集和基准①$CO_2$：南极冰芯和直接空气测量；②降水：全球降水气候中心（GPCC）v8，1961～1990 年为基准，仅使用纬度带 33°N～66°N 和 15°S～30°S；③冰川质量损失；④全球平均地表温度（GMST）：HadCRUTv5，1961～1990 年为基准；⑤海平面变化，1900～1929 年为基准；⑥海洋热含量（模式–观测混合），1961～1990 年为基准

　　冰冻圈正在迅速发生变化。在大多数地区，冻结水的融化和损失都在增加，这包括地球上所有的冰冻圈部分，如陆地积雪、多年冻土、海冰、冰川、淡水冰、固体降水及覆盖格陵兰岛和南极洲的冰盖。图 8-3 说明了过去 50 年来全球冰川的质量是如何日益减少的，2010～2018 年的冰川总质量是 20 世纪以来最低的。

　　至少自 1979 年以来，全球海洋一直在不断变暖。图 8-3 显示了平均海洋热含量是如何稳步增加的，其在 1971～2018 年总增加为 0.28～0.55YJ（1YJ=$10^{24}$J）。这种海洋变暖，以及冰川和冰盖质量的损失，导致全球平均海平面（GMSL）在1900～2018 年上升了 0.20m（0.15～0.25m）。自 20 世纪 60 年代末以来，GMSL的增长速度加快。

　　总的来说，观测到的这些选定的大尺度气候指标的变化已经超出了自然的年际变率的范围。表 8-1 所示的指标记录反映出整个物理气候系统一系列同时发生和正在出现的广泛变化。

表 8-1 观测到的气候系统大尺度指标的变化

| 气候系统圈层 | 不同圈层发生的变化 |
| --- | --- |
| 大气和水循环 | 1850～1900 年以来全球平均地表气温变暖 |
| | 1979 年以来对流层变暖 |
| | 1979 年以来平流层低层冷却 |
| | 1979 年以来大尺度降水和对流层上层湿度的变化 |
| | 20 世纪 80 年代以来纬向平均 Hadley 环流的扩张 |
| 海洋 | 20 世纪 70 年代以来海洋热含量增加 |
| | 20 世纪中期以来盐度变化 |
| | 1971 年以来全球平均海平面上升 |
| 冰冻圈 | 1979 年以来北极海冰减少 |
| | 1950 年以来北半球春季积雪减少 |
| | 20 世纪 90 年代以来格陵兰冰盖大量减少 |
| | 20 世纪 90 年代以来南极冰盖大量减少 |
| | 冰川退化 |
| 碳循环 | 20 世纪 60 年代初以来大气 $CO_2$ 季节循环的振幅增加 |
| | 全球海洋表面酸化 |
| 陆面气候 | 1850～1900 年以来，地表气温增加（约比全球平均变暖增幅大 40%） |
| 综合 | 自工业革命以来，全球气候系统变暖 |

古气候资料（如冰芯、珊瑚、海洋和湖泊沉积物、洞穴化石、树木年轮、钻孔温度、土壤）提供了重建仪器观测之前的气候条件。这为过去 150 年的气候变化和 21 世纪及以后预估的气候变化建立了一个重要的长期背景。从重建的过去 80 万年气候变化的 3 个关键指标来看，大气 $CO_2$ 浓度、全球平均地表温度（GMST）和全球平均海平面（GMSL）都包括至少 8 个完整的冰期–间冰期旋回，这在很大程度上是由地球轨道参数的变化和随后的千年时间尺度上的反馈驱动的。在这 3 个关键指标的自然变化中，可以发现，大约每 10 万年出现一次主导循环。在南极洲康科迪亚冰穹冰封的空气直接测量中发现，在工业化之前，大气中的 $CO_2$ 浓度在 174～300 ppm 变化。与 1850～1900 年相比，重建的 GMST 在这些冰期–间冰期旋回中变化范围为–6～1℃。GMSL 在最冷的冰期约为–130 m，在最暖的间冰期为 5～25 m。它们代表了过去 80 万年内全球尺度自然气候变化的幅度。

古气候信息也为这 3 个关键指标的变化速率提供了长期的视角。在对极地冰芯的高分辨率重建中，1919～2019 年观测到的大气 $CO_2$ 增加速率比末次冰期高峰和末次冰消期过渡期间记录的最快的 $CO_2$ 波动高一个数量级。当前几十年的 GMST 呈现出比过去 2000 年更高的增长速率（PAGES 2k Consortium，2019），在 20 世纪，GMSL 的增长比过去 3 个世纪都要快。

古气候重建也揭示了这些变化的原因，反映了在预测气候变化时需要考虑的自然变化过程。古气候记录显示，全球平均气温几摄氏度的持续变化与海平面几米量级的升降相对应（图 8-4）。在过去 80 万年的两个长的温暖时期（间冰期），海平面估计比今天至少高出 6m。在末次间冰期，格陵兰岛持续升高的温度先于海平面的上升达到峰值。因此，古气候记录提供了大量证据，直接将变暖的 GMST 与大幅上升的 GMSL 联系起来。

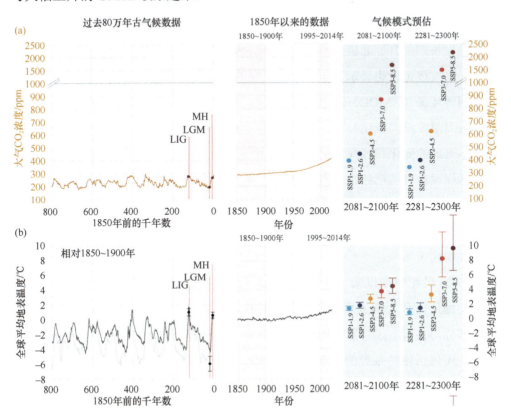

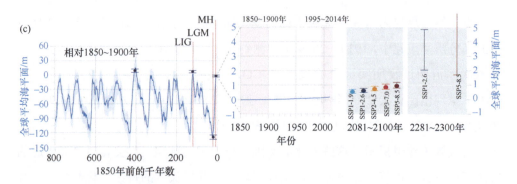

图 8-4　重建的大气 $CO_2$ 浓度、全球平均地表温度（GMST）和全球平均海平面（GMSL）三个关键指标过去 80 万年古气候长期气候变化背景

（a）南极冰芯封存空气中的 $CO_2$ 测量及直接的空气测量；（b）利用海洋古气候代用指标重建 GMST，1850 年以来观测到的和重建的温度变化是 IPCC AR6 评估平均值；（c）7 个海洋沉积物岩心氧同位素测量叠加重建的海平面变化

研究表明，即使净 $CO_2$ 排放降低到零（实现全球碳中和），GMST 仍将在多个世纪内保持在目前的水平之上。大气中这种持续的温暖状态代表着多个世纪以来海平面长期上升、北极夏季海冰减少、冰盖大量融化、潜在的冰架崩塌及其他后果。古气候记录也显示百年至千年尺度的变化，特别是在冰期，这表明大西洋经向翻转环流（AMOC）快速变化或突然变化并出现"两极跷跷板"现象（南北半球表面温度反向变化）。这一过程表明，如果超过了关键阈值，可能会触发不稳定和不可逆的变化和过程。在气候模型中还发现了其他几个不稳定的过程，其中一些过程现在可能已经接近临界阈值。

根据图 8-4 可以看到，到 20 世纪的第一个 10 年，大气中的 $CO_2$ 浓度已经超出重建的过去 80 万年的自然变化范围；另外，在同期的几个间冰期，GMST 和 GMSL 均高于当今。

自 20 世纪中期以来，气候系统的人为变化的速度、规模和幅度可能表明一个新的地质时代，即人类世，在这个时代，人类活动正在改变地球系统的主要组成部分，并留下了可测量的印记（IPCC，2018）。这些变化不仅包括气候变化本身，还包括地球系统的化学和生物变化，如海洋吸收人为排放的 $CO_2$ 导致的快速酸化、热带森林的大规模破坏、全球范围内的生物多样性丧失和第六次物种大灭绝（Hoegh-Guldberg and Bruno，2010）。

## 8.2.2　气候系统变化的综合证据

前文阐述了从古气候代用数据到现代观测整个大气、冰冻圈、海洋和生物圈的关键指标变化的观测证据。这种综合是对仪器记录所代表的整个气候系统变化的证据及其在长期背景下的异常情况的评估。本小节整合了多个指标的证据，以期得出一个全面而有力的综合评估。

气候变化的时间尺度范围很广。在新生代，温度的普遍下降持续数千万年，导致地球上冰盖的形成。在过去的 200 万年里，气候在冰期和间冰期之间循环。在当前全新世间冰期内，随着信息越来越详细，有可能重建气候系统的更多指标和变化率的历史（可信度越来越高）。只有在过去 150 年左右的时间里，仪器才能观测到全球分布的气候指标。而直到 20 世纪后期，观测系统才具备全球监测的基本能力。直接观测明确指出，自 19 世纪中期以来，气候系统的许多指标都发生了迅速变化。这些证据都一致表明全球正在迅速变暖。

认识当前变化的长期背景是正确理解气候变化重要性和影响的关键。气候系统由许多可观测的要素组成，这些要素在很广的时间尺度上变化（表 8-2）。一些生物地球化学指标的变化，如大气 $CO_2$ 浓度和海洋 pH 已经迅速变化，表明目前 $CO_2$ 浓度处于至少 80 万年（根据极地冰芯连续记录的时期）并且很可能是 200 万年以来

**表 8-2　古气候信息对比之下当代气候系统一些关键变量的变化特征[根据 IPCC AR6（2021）整理]**

| 变量 | 过去千年以上时间尺度的变化结论 |
| --- | --- |
| 2019 年 $CO_2$ 浓度 | 至少 200 万年来最高（高信度） |
| 2019 年 $CH_4$、$N_2O$ 浓度 | 至少 80 万年来最高（非常高信度） |
| 夏季海冰范围 | 至少近 1000 年来最少（中等信度） |
| 1950 年以来冰川退缩 | 至少近 2000 年来从未出现（中等信度） |
| 1900 年以来全球海平面上升 | 至少近 3000 年来上升速度最快（中等信度） |
| 20 世纪全球海洋增暖 | 至少 1.1 万年来最快（中等信度） |
| 近几十年海洋酸度（pH） | 至少近 200 万年来最严重（中等信度） |

从未有过的水平。过去 10 年的 GMST 很可能比公元元年以来的任何百年平均水平要高，而且有多半可能是末次间冰期峰值之后的最高水平。气候系统的许多综合组成部分（如冰川、GMSL）正在经历数千年来史无前例的变化，甚至响应最缓慢的组成部分（如冰盖范围、多年冻土）都处于数百年来从未有过的水平（高信度）。一些气候指标（如 GMSL、OHC 和 GSAT）在最近几十年的变化速度至少在千年背景下是极不寻常的。

总之，更加丰富、可靠的大气、海洋、冰冻圈和生物圈直接观测和古气候的变化信息为气候系统变暖提供了确凿的证据。目前的主要气候指标处于几个世纪乃至几千年来从未有过的水平。自 19 世纪后期以来，全球气候系统的许多指标在以至少过去两千年中前所未有的速率变化，当代气候系统的变化范围广、速度快，有些变化数千年未见。

# 参 考 文 献

Hoegh-Guldberg O, Bruno J F, 2010. The impact of climate change on the world's marine ecosystems. Science, 328(5985): 1523-1528.

IPBES. 2019. Summary for policymakers of the global assessment report on biodiversity and ecosystem services of the Intergovernmental Science-Policy Platform on Biodiversity and Ecosystem Services//Díaz S, Settele J, Brondízio E S, et al. Global Assessment Report on Biodiversity and Ecosystem Services of the Intergovernmental Science-Policy Platform on Biodiversity and Ecosystem Services. Bonn, Germany: Intergovernmental Science-Policy Platform on Biodiversity and Ecosystem Services (IPBES) Secretariat: 56.

IPCC. 2014. Climate Change 2014: Synthesis Report//Pachauri R K, Meyer L A. Contribution of Working Groups I, II and III to the Fifth Assessment Report of the Intergovernmental Panel on Climate Change. Geneva, Switzerland: IPCC: 151.

IPCC. 2018. Summary for policymakers//Masson-Delmotte V, Zhai P, Pörtner H O, et al. Global Warming of 1.5℃. An IPCC Special Report on the Impacts of Global Warming of 1.5℃ above Pre-industrial Levels and Related Global Greenhouse Gas Emission Pathways, in the Context of Strengthening the Global Response to the Threat of Climate Change, Sustainable Development, and Efforts to Eradicate Poverty. Geneva, Switzerland: World Meteorological Organization: 32.

IPCC AR6. 2021. Climate Change 2021: The Physical Science Basis//Contribution of Working Group

I to the Sixth Assessment Report of the Intergovernmental Panel on Climate Change. Cambridge, United Kingdom and New York, NY, USA: Cambridge University Press.

PAGES 2k Consortium. 2019. Consistent multidecadal variability in global temperature reconstructions and simulations over the Common Era. Nature Geoscience, 12(8): 643-649.

　　**全球气候观测系统（GCOS）**：受世界气象组织（WMO）、政府间海洋学委员会（IOC）、联合国环境规划署（UNEP）和国际科学联盟理事会（ICSU）的支持，在第二次世界气候大会之后（1992年）建立全球气候观测系统（GCOS）。GCOS试图建立一个长期业务系统，以实现对气候系统的监测，达到检测气候变化信号及原因，评估气候变异和变化的影响，支持气候系统机制研究、模拟预测的目的。它将利用实地观测和空基观测（主要指卫星遥感）方法观测整个气候系统包括其物理、化学和生物特性。GCOS将特别注重观测资料的收集、观测校准技术、资料管理能力的强化、资料综合和同化技术的提高、新观测技术的评估，并且努力监视观测网络的完整、准确和一致性等方面问题。GCOS包括大气观测系统、海洋观测系统和陆地观测系统三个子系统，其中部分内容与全球海洋观测系统（GOOS）和全球陆地观测系统（GTOS）相交叉。

　　**亮温**：如果绝对黑体在特定温度下在某一波谱发出的光和光源相同，则此温度称为光源的亮温。

　　**再分析**：再分析是利用固定的具有当前先进水平的天气预报模式或海洋环流模式，辅以数据同化技术，通过处理过去的气象或海洋数据而创建的。其可用于提供变量的估值，如历史大气温度、风或海洋温度、洋流及其他参量。利用固定的数据同化可以避免分析系统的变化对业务分析产生的影响。尽管连续性得到了改进，但全球再分析仍然受到观测系统中覆盖率范围变化和偏差的影响。

**气候变率**：指在个别天气事件以外的各种空间和时间尺度上的某些气候变量相对于特定平均状态（包括极值的发生等）的偏差。变率可能是内在的或外在的，内在的是气候系统内部过程的波动（内部变率），外在的是自然或人为外部强迫（强迫变率）的变化。

**气候信号萌现**：气候变化信号或趋势的萌现是指当气候的变化（定义为信号）大于自然或内部变化的振幅（定义为噪声）时，这一概念通常表示为信噪比，在达到这一比率的定义阈值（如信噪比大于 1 或 2）时出现。

**地球轨道**：是指地球围绕太阳运行的路径，大体呈偏心率很小的椭圆。

**黄赤交角**：地球公转轨道面（黄道面）与赤道面（天赤道面）的交角。

**地面辐射**：地球表面、大气和云发出的辐射，也称为热红外辐射或长波辐射。其不同于作为太阳光谱中一部分的近红外辐射。一般而言，红外辐射有一个独特的波长（光谱）范围，比可见光谱段的红色光波长还要长。由于太阳和地球–大气系统的温度差异，地面辐射光谱与短波或太阳辐射完全不同。

**太阳黑子**：太阳上的暗区域，在这些区域中强电磁场减弱了对流，使得温度与周边区域相比降低了约 1500K。太阳黑子数在太阳活动高峰期较多，特别随太阳周期而不同。

**均匀混合温室气体**：指大气中自然或人为产生的气体成分，其能够吸收并释放地球海洋和陆地表面、大气本身和云发出的辐射，这些辐射主要集中于光谱中特定波长范围内，该特性可导致温室效应。水汽（$H_2O$）、$CO_2$、$N_2O$、$CH_4$ 和 $O_3$ 是地球大气中的主要温室气体。人为产生的温室气体包括六氟化硫（$SF_6$）、氢氟碳化物（HFC）、CFCs 和全氟化碳（PFC），其中的一些气体也是消耗 $O_3$ 的气体（并受《蒙特利尔议定书》管制）。

**气溶胶**：空气中悬浮的固态或液态颗粒物，其大小通常在几纳米至几微米之间。大气生命期为：在对流层中可驻留至少几天，在平流层中则可驻留长达数年。

"气溶胶"这一术语（包括颗粒物和悬浮的气体）在报告中通常使用复数形式来表述许多气溶胶颗粒。在对流层中，气溶胶有自然的或人为的两类来源；而平流层的气溶胶大多来自于火山喷发。气溶胶可以通过散射和吸收辐射（气溶胶–辐射相互作用）直接造成有效辐射强迫，也可以作为影响云特性的云凝结核或冰核颗粒（气溶胶–云的相互作用），以及在雪或冰覆盖表面上沉积，间接造成有效辐射强迫。大气中的气溶胶可以作为初级颗粒物排放，也可以在大气中由气态前体物形成（二次生产）。气溶胶化学成分的主要类别有海盐、有机碳、黑碳（BC）、矿物种类（主要是沙漠粉尘）、硫酸盐、硝酸盐和铵盐。

**短寿命气候强迫因子（SLCFs）**：一组短（相对于 $CO_2$）大气生命期（从数小时到数十年）但具有不同理化特性和环境影响的化学活性化合物。它们的排放或形成在其各自大气生命期决定的周期内会对辐射强迫产生显著影响。其排放的变化还可引发长期的气候效应，主要是通过它们与一些生物地球化学循环的相互作用来实现。SLCFs 分为直接或间接类型，直接 SLCFs 通过其辐射强迫施加气候影响，而间接 SLCFs 则是其他直接气候强迫因子的前体物。直接 SLCFs 包括 $CH_4$、$O_3$、一次气溶胶及一些卤代类，间接 SLCFs 则是 $O_3$ 或二次气溶胶的前体物。SLCFs 可通过与辐射及云的相互作用引发冷却或升温。许多 SLCFs 也是空气污染物，部分只导致升温的 SLCFs 也称为短寿命气候污染物，包括 $CH_4$、$O_3$ 及黑碳（BC）。

**大气（层）**：围绕地球的气层，分为 5 层——对流层、平流层、中间层、热层和散逸层（这是大气的最外层）。干大气几乎完全由氮（$N_2$，占体积混合比的 78.1%）和 $O_2$（占体积混合比的 20.9%）构成，还包括一些微量气体，如氩（Ar，占体积混合比的 0.93%）、氦（He）及具有辐射活性的温室气体（GHG），如 $CO_2$（占体积混合比的 0.04%）、$CH_4$、$N_2O$ 和 $O_3$。此外，大气还包括 $H_2O$，它的浓度变化很大（体积混合比为 0%～5%），水蒸气的来源（蒸发）和汇（降水）的时空变化都很大，大气温度对一个气团所能容纳的水蒸气量有很大的约束作用。大气还包括云和气溶胶。

**气候**：狭义而言，气候通常被定义为平均天气状态，或某一时期内对相关量的均值和变率做出的统计描述，而这个时期的长度从几个月至几千年乃至几百万年不等。根据世界气象组织（WMO）的定义，各变量均值的传统时期为 30 年。这些相关量通常指表面变量，如温度、降水和风。广义而言，气候是气候系统的状态，包括统计上的描述。

**气候变化**：气候变化指气候状态的变化，而这种变化可通过其特征均值或变率的变化予以判别（如通过运用统计检验）。这种变化可持续一段时期，通常为几十年或更长时间。气候变化的原因也许为自然的内部过程或外部强迫（如太阳周期的改变、火山喷发等）或大气成分或土地利用的持续人为变化。《联合国气候变化框架公约》（UNFCCC）第一条将气候变化定义为在可比时期内所观测到的、在自然气候变率之外的直接或间接归因于人类活动改变全球大气成分所导致的气候变化。因此，UNFCCC 对人类活动改变大气成分所造成的气候变化和可归因于自然原因导致的气候变率做了明确区分。

**大气（海洋）环流**：在旋转的地球上，受热差异引起的大气和海洋的大尺度运动。大气和海洋环流通过输送热量和动量来维持地球系统的能量平衡。

**全球表面平均气温和全球平均表面温度**：全球表面平均气温（GSAT）是陆地、海洋和海冰上近表面气温的全球平均值。GSAT 的变化通常作为气候模式中全球温度变化的量度。全球平均表面温度（GMST）是陆地和海冰上近表面气温的全球平均估算值，以及无冰海洋区域的海表温度（SST），通常表示为特定基准期内的偏离值。

**全球季风**：全球季风（GM）是一种全球尺度的冬、夏至模态，主导着热带和亚热带降水和环流的年度变化。根据 Kitoh 等（2013）的定义，GM 区域被定义为降水量年较差（当地夏季平均降水率减去冬季平均降水率）大于 2.5mm/d 的区域。

**全球变暖**：全球变暖是指全球表面温度相对于一个基线参考期的增加，在足以消除年际变化的时期（如 20 年或 30 年）内进行平均。通常选择的基线是 1850～1900 年（最早的可靠观测期，有足够的地理覆盖面）。根据应用情况，可以使用更现代的基线。

**温室效应**：大气中所有吸收红外线成分的红外辐射效应。温室气体（GHG）、云及一些气溶胶可吸收地球表面和大气放射的地面辐射。这些物质可朝所有方向放射红外辐射，但是在其他各项相等的情况下，放射到太空的净辐射量一般小于没有吸收物情况下的辐射量,这是因为在对流层中的温度随着高度的升高而降低,以及随之而来放射的减弱。温室气体浓度的增加加强了这种效应程度,其差值有时称作强化温室效应。人为排放造成的温室气体浓度变化推动了瞬时辐射强迫。地表温度和对流层因响应这一强迫而变暖,同时可逐渐恢复大气层顶的辐射平衡。

**平流层爆发性增温(SSW)**:高纬度地区平流层快速升温现象(有时在 1~2 天内超过 50℃),可造成平流层极涡的崩溃。

**城市热岛(UHI)**:与周边乡村地区相比,某个城市的相对热度,与高层建筑密集导致的热捕获、城市建筑材料的吸热特性、通风减少及人类活动直接产生的热量相关。

**冰盖**:覆盖大陆的大规模陆地冰体,通常定义其覆盖面积>50000 $km^2$,是经过数千年积雪累积和压密形成的。冰盖从较高中心冰原向外沿小坡面流动。边缘地带坡度通常会急剧变陡。大部分冰通过快速冰流或溢出冰川排出,通常进入海洋或进入浮在海上的冰架。当今世界仅存两大冰盖,一个在格陵兰岛,另一个在南极洲。后者分为东南极冰盖(EAIS)、西南极冰盖(WAIS)和南极半岛冰盖。在冰期,还有其他冰盖存在。

**冰川**:通过堆积和压实形成于陆地表面,多年存在的巨大冰体(可能是粒雪和雪),显示其过去或现在流动的证据。冰川通常会通过雪的累积而获得质量,并通过消融而损失质量。冰川尺度相对较小,大陆尺度(>5 万 $km^2$)的陆地冰块称为冰盖。

**冰消期**:从冰期结束时的冰期条件过渡到间冰期条件的时期,其特点是陆地冰量减少。渐进式的变化可能会被突变所打断,这些变化与冰阶/间冰阶事件和两极"跷跷板"特征有关。上一次冰消期过渡发生在公元前 18000~前 11000 年,包括各种快速事件,如融水脉冲 1A(MWP-1A)和千年尺度的波动,以及新仙女木事件。

**冰山**:大块淡水冰在崩解过程中从冰川或冰架脱离,并漂浮在(至少高出海面 5m)开阔水域。较小的浮冰称为"小冰山"(高出海面不到 5m)或"碎屑冰"(高出海面不到 2m)。其源于冰川或冰架,或源于大型冰山破碎。冰山还可按形状分类，最常见的是平顶（四周陡峭而顶部平坦）或非平顶（形状各异，有圆顶和尖顶）冰山。在湖泊中，冰山会源于陆架冰断裂，而陆架冰则是通过湖面的冻结而形成的。

**（冰川或冰盖）物质平衡/收支**：在某一规定时段内（通常为一年或一个季节），冰体的物质收入（积累）和物质损失（消融和冰山崩解）之间的平衡。单点物质平衡指在冰川或冰盖某一特殊位置上的物质平衡，表面物质平衡是表面积累和表面消融之差。

**表面积累**：冰川物质增加的所有过程。降雪是积累的主要部分。积累还包括白霜、冻雨、其他类型固态降水的沉积，以及风吹雪和雪崩的增加。

**表面消融**：冰川物质减少的过程。消融的主要因素是融雪产生径流，但对于有些冰川，升华、风吹雪及雪崩的损失也是消融的重要过程。

**冰原**：冰雪覆盖的大面积陆地，表面平坦。

**冰架**：从海岸延伸出、有相当厚度、飘浮的冰板（通常具有很大的水平范围和非常平坦的表面），往往存在于冰盖沿岸的海湾中。几乎所有的冰架都在南极洲，那里大部分冰体通过冰架流入海洋。

**冰芯**：从冰川或冰盖中钻取的冰柱，以用于确定冰体的物理特性，并获取过去气候和大气成分变化的信息。而这些信息保存于冰中或固封于冰中的气泡中。

**海冰**：海水冻结而在海面形成的冰。海冰可能是不连续的碎片（浮冰），在海风和洋流的作用下在海洋表面浮动（块冰），或是与海岸冻结在一起的静止片状冰（岸冰）。海冰密集度是海洋被冰覆盖的比例。不到一年的海冰称为一年冰；经过至少一个夏季仍然存在的海冰称为常年冰。常年冰可以分为两年冰和多年冰，多年冰指至少经过两个夏季仍存在的海冰。

**湖河冰**：陆地河流和湖泊水体冻结而形成的冰。

**冰雪反照率反馈**：一种涉及地球表面反照率变化的气候反馈。雪和冰的反照率（～0.8）比平均行星反照率（～0.3）大得多。随着温度升高，预计冰雪面积将减少，地球的整体反照率会降低，从而更多的太阳辐射被吸收，地球将进一步变暖。随着气温降低冰雪增加，反馈过程则正好相反，是一种典型的正反馈机制。

**多年冻土**：至少连续两年温度保持在 0℃或以下的土地（土壤或岩石，并包括冰和有机物质）。注意，多年冻土是通过温度定义而不是含冰量，在有些情况下可能不结冰。

**快速冰流**：冰盖中流动速度显著大于周围冰体的流冰。它通常受强剪切而出现裂隙并脱离周围冰体。

**暴风雪**：一种强天气现象，突出特征是低温、大风、低能见度，伴随空气中有大量的、主要是从地面吹起的雪。

**海洋（ocean）**：互连的咸水体，覆盖着约 71%的地球表面，约占地球水量的 97%，并且可提供 99%的地球生物可栖息空间，包括北极、大西洋、印度洋、太平洋和南大洋及其边缘海域和沿岸水域。

**沿海/海岸（coast）**：靠近大海的陆地。沿海一词可以指陆地（如近海地区），也可以指受陆地过程强烈影响的海洋环境部分。因此，沿海海域通常是浅海和近岸。无论是在科学上还是在法律上，沿海地区的陆地和海上范围都没有一致的定义。因此，沿海水域可以被认为等同于领海（从平均低水位延伸 12 n mile[①]/ 22.2 km），或者等同于完整的专属经济区，或是水深不到 200 m 的陆架海。

**浮游带（pelagic zone）**：浮游带是一个生态区，从海面延伸到最深处可以按深度进一步细分为多个区域。随着海面和水体柱之间距离的变化，压力上升，温度和光线下降，盐度、溶解氧及铁、镁和钙等微量营养素都会发生变化。

**海表温度（sea surface temperature，SST）**：海洋表层几米内次表层总体温度，是通过船舶、浮标和漂流浮标来测量的。船舶利用水采样桶进行的测量大部分在 20 世纪 40 年代已改为发动机吸水采样。目前，可以使用卫星红外测量表层温度（1 mm 深度部分）或微波测量表层 1 cm 左右深度的温度，但是必须进行适当调整以符合总体温度。

**海洋热含量（ocean heat content，OHC）**：海洋储存的热量总量称为海洋热含量。海温的测量反映了特定的时间和位置下海中的热量，热含量增加导致的海洋热膨胀直接影响海平面上升。海洋热含量主要来源于太阳辐射，海洋吸收的热

---

① 1 n mile = 1.852 km。

量会发生转移，最终通过融化冰架、蒸发水或直接加热大气重新进入地球系统的其他部分。

**海洋热浪（marine heatwave）**：与持续数日至数月极暖的历史温度相比，同期水温异常温暖的现象，可在海洋中任何地方出现，尺度可达数千公里。

**海洋酸化（ocean acidification，OA）**：在较长一段时期（通常为几十年或以上）海洋 pH 减小，并伴有其他化学变化（主要是碳酸盐和碳酸氢盐离子水平的变化），主要是由于吸收了大气中的 $CO_2$，也可能是由于海洋中其他化学物质增加或减少。人为影响的 OA 是指人类活动造成 pH 减小的部分。

**海洋盐度（ocean salinity）**：海水中有许多化学物质会使海水变咸。海洋盐度是指海水中全部溶解固体与海水重量之比，可用来表示海水中盐类物质的质量分数，通常用每千克海水中所含的克数表示。世界大洋的平均盐度为 35‰。盐度和温度决定了海水的密度，密度稍大的海水也会下沉到密度较小的海水之下，因而海洋密度又是驱动海洋环流的重要因素。

**海洋脱氧（ocean deoxygenation）**：海洋中的氧气含量损失，是海洋变暖导致氧溶解度降低，增加氧的消耗和层结稳定增强，从而减少氧气混入海洋内部。在海岸带添加过量的营养物质也会加剧脱氧。

**海洋层结（ocean stratification）**：妨碍海水混合的性质各异（如盐度、密度和温度）的海水成层过程。近水面层结的加强通常会导致表层水变暖，深层水的氧含量下降，海洋上层的 OA 加剧。

**AMOC（Atlantic meridional overturning circulation）**：大西洋经向翻转环流，海洋中经圈（南—北）翻转环流，其量值是各深度层或密度层上质量输送量的纬向（东—西）之和。在北大西洋，远离副极地地区，AMOC（原则上是可观测量）常以温盐环流来表示。温盐环流是一种并不全面的概念性解释。AMOC 也受风驱动，而且还可包括较浅层的翻转环流。例如，在热带和副热带海洋上层会出现翻转环流，这些暖（轻）水的浅层水向极地方向流动，转变为密度略高的水，并在海洋更深层向赤道方向潜沉。

**海平面变化（sea level change）**：在季节、年度或更长时间尺度上，海平面高度在全球和局部范围变化，其原因在于①海水质量变化导致海洋体积变化（如由于冰川和冰盖融化）；②海水密度改变导致海洋体积变化（如较暖条件下的膨胀）；③海盆形状变化及地球引力场和旋转场变化；④陆地的局部沉降或抬升。海洋质量变化导致的全球平均海平面（GMSL）变化称为质量变化海平面。加入或去除海水质量而引起的海平面变化的量称为海平面当量（SLE）。海水密度改变引起的全球和局部海平面变化称为比容海平面。仅因温度变化导致的密度改变称为热比容，而盐度变化引起的密度变化称为盐比容。静态海平面变化和比容海平面变化不包括海洋质量及其分布变化导致的洋盆形变的影响。

**风暴潮（storm surge）**：极端气象条件（低气压或强风）在某一特定地点引起的海水高度暂时上升。风暴潮被定义为在该时间和地点超出预期的潮汐变化水位的部分。

**极端水位（extreme sea level，ESL）**：由短期现象（如风暴潮、潮汐和海浪）引起的当地海面高度特别低或特别高的情况。相对水位变化可通过改变平均水位直接影响极端水位，并可通过调节因水深增加而产生的潮汐、海浪或浪涌的传播间接影响极端水位。此外，极端水位还可能受到天气系统和风暴的频率、轨迹或强度变化的影响，同时也可能受到人类活动引起的变化的影响，如海岸线改变或疏浚。反之，对极端水位的任何贡献的变化都可能导致长期的相对水位变化。

**气候突变（abrupt climate change）**：在几十年或更短时间内气候系统发生的大尺度突变，至少持续（或预期持续）几十年，并对人类和自然系统造成严重影响。

**碳循环（carbon cycle）**：碳元素在地球上的生物圈、岩石圈、水圈及大气圈中交换，并随地球的运动循环不止的现象。生物圈中的碳循环主要表现在绿色植物从大气中吸收 $CO_2$，在水的参与下经光合作用转化为葡萄糖并释放出 $O_2$，有机体再利用葡萄糖合成其他有机化合物。有机化合物经食物链传递，又成为动物和细菌等其他生物体的一部分。生物体内的碳水化合物一部分作为有机体代谢的能源经呼吸作用被氧化为 $CO_2$ 和 $H_2O$，并释放出其中储存的能量。

**光合作用（photosynthesis）**：指绿色植物（包括藻类）吸收光能，把 $CO_2$ 和 $H_2O$ 合成富能有机物，同时释放 $O_2$ 的过程，主要包括光反应、暗反应两个阶段，涉及光吸收、电子传递、光合磷酸化、碳同化等重要反应步骤，对实现自然界的能量转换、维持大气的碳-氧平衡具有重要意义。

**植被指数（vegetation index）**：主要反映植被在可见光、近红外波段反射特性与土壤背景之间差异的指标，各个植被指数在一定条件下能用来定量说明植被的生长状况。常用的植被指数包括：归一化植被指数（normalized difference vegetation index）、增强植被指数（enhanced vegetation index）等。

**物候（phenology）**：生物长期适应光照、降水、温度等条件的周期性变化，形成与此相适应的生长发育节律，这种现象称为物候现象，主要指动植物的生长、发育、活动规律与非生物的变化对节候的反应。物候现象与气候等环境要素息息相关。

**热力学生长季（thermal growing season）**：一年中植物显著可见的生长期间。热力学生长季与温度条件有着密切的关系，在一定温度以上可继续生长的时期为热力学生长季。

**植被光合作用活跃季节（photosynthetically active growing season）**：即植被生长季，通常指植被一年内开始返青（生长季始期）到落叶（生长季末期）之间的时段。

**生态系统生产力（ecosystem productivity）**：生态系统的生物生产能力。生态系统生产力可分为：初级生产力和次级生产力。初级生产力是指生产者（包括绿色植物和数量很少的自养生物）生产有机质或积累能量的速率；次级生产力是消费者和还原者利用初级生产产物构建自身能量和物质的速率。

**总初级生产力（gross primary productivity）**：在单位时间和单位面积上，绿色植物通过光合作用所固定的有机碳总量，决定了进入生态系统的初始物质和能量。

**净初级生产力（net primary productivity）**：单位时间内生物通过光合作用所吸收的碳除植物自身呼吸的碳损耗所剩的部分。作为表征植物活动的关键变量，其是生态系统中物质与能量运转研究的重要环节。国际地圈生物圈计划（IGBP）、全球变化与陆地生态系统（GCTE）和《京都议定书》（*Kyoto Protocol*）等均把植被净初级生产力研究确定为核心内容之一。

**$CO_2$施肥效应（$CO_2$ fertilization effect）**：由于大气中的$CO_2$浓度升高，植物

的光合作用将会增强,植物的生产率也将会有一定的提高,这一现象成为 $CO_2$ 的施肥效应。这一效应对小麦、水稻、大豆等农作物尤为明显。

**生物入侵(biological invasion)**:生物由原生存地经自然的或人为的途径侵入另一个新的环境,对入侵地的生物多样性、农林牧渔业生产以及人类健康造成经济损失或生态灾难的过程。

**演替(succession)**:随着时间的推移,生物群落中一些物种侵入,另一些物种消失,群落组成和环境向一定方向产生有顺序的发展变化,称为演替。其主要标志为群落在物种组成上发生了变化,或者在一定区域内一个群落被另一个群落逐步替代的过程。

**树线(timberline/treeline)**:天然森林垂直分布的上限。树线以上即高山灌丛和草甸。树线高度依地理位置不同而不同,如中国东北长白山为 1800～2100m,而四川西南则为 3800～4200m。树线大致由赤道向极地逐渐降低,在亚热带最高。

**反照率(albedo)**:太阳光(太阳辐射)被某个表面或物体所反射的比例,常用%表示。云、雪和冰通常具有较高的反照率;土壤表面的反照率由高到低不等;植被在干旱季节或干旱地区的反照率较高,而光合作用活跃的植被和海洋的反照率较低。地球的行星反照率主要因不同的云量、雪、冰、叶面积和地表覆盖状况的改变而变化。

**土地退化(land degradation)**:包括人为气候变化在内的人类直接或间接作用而引起的土地状况的负面趋势,表现为生物生产力、生态完整性或对人类价值的长期减少。例如,干旱、洪水、大风、暴雨、海潮等自然力可导致土地沙化、流失、盐碱化等;人类不适当地开垦、乱伐,不合理的种植制度和灌溉,农药、化肥使用不当等会引起土地沙化、土壤侵蚀、土壤盐碱化、土壤肥力下降、土壤污染等。

**荒漠化(desertification)**:人类活动及其气候变化所导致的发生在干旱半干旱和干旱的半湿润地区的土地退化。

**海洋酸化(ocean acidification)**:指海洋吸收大气中过量 $CO_2$,使海水逐渐变酸(pH 下降)的现象。工业革命以来,海水 pH 大约下降了 0.1。海水酸性的增加，将改变海水化学的种种平衡，使依赖于化学环境稳定性的多种海洋生物乃至生态系统面临巨大威胁。

**南半球环状模**（**Southern Annular Mode，SAM**）：也称南极涛动（Antarctic Oscillation，AAO）。南半球中纬度地区和南极地区气压升降呈反向变化的现象，常用气压的经验正交函数的第一特征向量来刻画，纬向分布特征明显，全年均存在。其强度随时间的变化可用经验正交函数分析的主分量来定量表征。研究中亦常用 40°S 和 65°S 纬圈平均海平面气压的差来定义南半球环状模指数或者南极涛动指数。该方法的优点是计算简便，具体数值不依赖所用资料时间序列的长短。

**南极涛动**：南极地区气压与南半球中纬度气压波动的反向变化现象。参见**南半球环状模**。

**北半球环状模**：19 世纪后期月平均海平面气压图的使用，建立了大气活动中心的概念。有的大气活动中心一年四季都存在，如北大西洋高压，称为永久性大气活动中心；有的则只在某些季节出现，如北半球冬季的西伯利亚高压是半永久性或者季节性大气活动中心。大气活动中心的变化按它们之间的关系可以分成两类，第一类是某些大气活动中心的活动有很强的独立性，如夏半年出现的印度低压；第二类是相邻的两个大气活动中心之间存在很强的联系，表现为气压变化呈反向关系。气压的这种"跷跷板"式的变化称为大气涛动（atmospheric oscillation）。20 世纪 20～30 年代，英国的 Walker 进一步发展了大气活动中心的概念，提出了著名的三大涛动（北大西洋涛动、北太平洋涛动和南方涛动）。北大西洋涛动指北大西洋高压与冰岛低压之间的反向变化，当北大西洋高压偏强（即气压升高）时，其北侧的冰岛低压也偏强（即气压下降）；反之，当北大西洋高压偏弱时（即气压下降），冰岛低压也偏弱（即气压上升）。伴随北大西洋涛动的变化，相关的大气活动中心关联区域的温度、风场、降水等会出现系统性、协调的变化。例如，北大西洋涛动处于偏强正位相时，北欧、美国东南部气温偏高、降水增加，北美大陆东北部及南欧地区气温偏低、降水偏少，北大西洋中高纬度区域海表温度（SST）呈现三极子型异常分布；同时亚洲大陆中高纬度地区同期气温也显著偏暖。

20 世纪 90 年代美国的 Thompson 和 Wallace 对北半球热带外大气环流的分析

发现，冬季大气环流最主要的模态表现为整个中纬度与高纬度之间气压的反向变化，从地面到平流层低层都是显著的，呈准正压结构，该模态在高纬度地区的中心主要涵盖北极地区，因此称为北极涛动。伴随北极涛动强弱的变化，对流层低层气压异常的区域性更为明显，处于正位相时，中纬度气压偏高的地区包括北大西洋、北太平洋的中纬度地区；而北冰洋及邻近地区则是大范围的负异常，其中冰岛附近区域是一个极小值中心。这可能与对流层低层环流受不规则海陆分布的影响有关。而对流层中高层到平流层低层，环流异常的纬向对称结构的特点变得非常突出。由于气压异常中心基本上是沿纬圈呈环状分布，故也称北半球环状模。北极涛动与北大西洋涛动是否独立，以及北极涛动的物理本质等问题，学术界存在不同的观点。以 Wallace 为代表的一些学者认为，北极涛动与北大西洋涛动是同一事物在不同侧面的两种表现，实际上反映的都是大气质量在不同纬度带的再分配及中纬西风的强弱，这是一个行星尺度的现象，只不过北极涛动的空间尺度更大，而北大西洋涛动是其在北大西洋区域的表现。其位相和强弱，是表征大气基本环流形势的重要判据和指标。北大西洋涛动指数与北极涛动指数的时间序列有很高的相似性，因此北大西洋涛动、北极涛动及北半球环状模的名称和指数时间序列常常相互混用。

大气涛动把大气活动中心和局地的气候综合在一起，在天气气候学的研究中具重要意义。中国气象学家涂长望在 20 世纪 30 年代，曾系统地研究过包括北大西洋涛动在内的大气涛动同中国气候的关系。而 20 世纪 90 年代以来的研究，揭示了北大西洋涛动与东亚气候联系的诸多事实和机理，表明北大西洋涛动是影响东亚冬季风、夏季风及极端天气气候事件的重要大气环流因子。

**北极涛动**：北极地区与北半球中纬度地区气压波动的反向变化现象。参见**北半球环状模**。

**北大西洋涛动**：冰岛低压和亚速尔高压气压波动的反向变化现象。参见**北半球环状模**。

**ENSO**：El Niño（厄尔尼诺）和 Southern Oscillation（南方涛动）的英文缩写。厄尔尼诺指赤道中东太平洋到南美西海岸海水温度持续异常变暖现象。由于这种现象经常发生于圣诞节前后，所以当地人称为厄尔尼诺，意为"圣婴"。与之相反的海水持续异常变冷的现象被称为拉尼娜，意为"女婴"。南方涛动指东南太平洋与印度洋及印度尼西亚地区的海平面气压升降呈反向变化。J.皮耶克尼斯等发现作为大气环流异常的南方涛动和赤道中东太平洋大尺度海温异常事件（即厄尔尼诺和拉尼娜）是联系在一起的，因而后来经常用 ENSO（即 El Niño-Southern Oscillation）表示这种大尺度大气–海洋的相互作用过程。参见**南方涛动**。

**El Niño**：厄尔尼诺，指赤道中东太平洋海表温度异常偏暖的情况。参见**ENSO**。

**南方涛动**：20 世纪 20 年代英国气象学家 G.沃克在研究印度季风降水预报时发现，东南太平洋与印度洋及印度尼西亚地区的海平面气压升降呈反向变化，因此将其命名为南方涛动。这种气压型与沃克环流密切相关，西太平洋地区近地面气压下降，有利于沃克环流上升支加强；而赤道东太平洋及南美洲沿岸地区沃克环流下沉支加强，则伴随近地面气压的升高。南方涛动的强度可用南方涛动指数（SOI）来表示，通常用东南太平洋的塔希提岛站和澳大利亚达尔文港站地面气压差来表示。正位相 SOI 指数表示东南太平洋气压偏高，而印度洋及印度尼西亚地区气压偏低，太平洋热带地区信风加强；同时常伴随赤道中东太平洋海表温度（SST）持续偏冷、赤道西太平洋海表温度偏暖，即拉尼娜特征。反之，SOI 负位相时，东南太平洋气压偏低，而印度洋及印度尼西亚地区气压偏高，太平洋热带地区信风减弱；赤道中东太平洋海表温度持续偏暖、赤道西太平洋海表温度偏冷，即厄尔尼诺特征。由于其与赤道中东太平洋海温异常的紧密联系，亦常表述为厄尔尼诺–南方涛动（ENSO）。参见 **ENSO**。

**遥相关**：地理上相距甚远地区的气候波动存在明显关联的现象。常与低频的大气 Rossby 波活动有关，典型的如北半球太平洋北美遥相关型（PNA）、欧亚遥相关型、西太平洋–东亚遥相关型等。其产生与非绝热加热、大气动力过程等有关。遥相关是区域短期气候预测的重要物理基础。

**模态**：某一个或者多个气候要素场的时间变化，呈现出特定的内在空间分布特征，具体表现为单一符号的异常或者多个不同性质符号的异常中心，这种较为稳定的空间结构被称为空间模态。其信号常用经验正交函数分析、典型相关分析、奇异值分解分析等统计方法提取。常见的大气环流模态如南半球环状模、北半球环状模等；海气系统模态如 ENSO、印度洋偶极子模态等。

**印度洋偶极子**：热带印度洋东部和西部地区的海表温度（SST）距平，常表现为一正一负反向变化的特征，称为印度洋偶极子模态，常用东部（90°E～110°E，10°S～0°）和西部（50°E～70°E，10°S～10°N）区域平均海表温度之差定量刻画。正位相对应热带印度洋东部地区海温偏暖、西部地区海温偏冷。

**PDO**：即太平洋年代际振荡（Pacific Decadal Oscillation），亦称太平洋年代际变率（Pacific Decadal Variability，PDV）。通常在整个太平洋洋盆观测到的大气环流和海洋的年代际耦合变率超出 ENSO 时间尺度。PDV 正位相的特点是在中东部热带太平洋海面温度异常高，并沿美国海岸延伸至温带北太平洋和南太平洋，向西环绕的是中纬度北太平洋和南太平洋的冷海面温度距平。负位相则伴随着相反信号的海面温度距平。这些海面温度距平与整个太平洋洋盆的大气环流和海洋环流的距平有关。

**AMO**：即大西洋多年代际振荡（Atlantic Multidecadal Oscillation），亦称大西洋多年代际变率（Atlantic Multidecadal Variability，AMV）。北大西洋及周边大陆的各种仪器观测记录及代用资料重建结果均可发现，北大西洋海温存在年代际尺度的波动振荡。AMV 相关的整个洋盆范围的表层海洋温度低频波动也体现了其与大气的密切相互作用。AMV 正位相的特征是整个北大西洋异常变暖，在副极地涡旋以及拉布拉多海和格陵兰海/巴伦支海的海冰边缘地带的振幅最强，在北大西洋亚热带洋盆的振幅较低。

**IOB**：即印度洋洋盆模态，是热带印度洋海表温度（SST）变化的主导模态，表现为洋盆尺度一致的整体偏暖或者偏冷。经验正交函数分析第一特征向量对应的时间系数，也可用区域平均海表温度来定量表征。

**沃克环流**：在热带太平洋直接由热力驱动的纬向翻转大气环流，其上升气流位于西太平洋，而下沉气流位于东太平洋。参见**南方涛动**。

**地球的能量收支**：包括与气候系统相关的主要能量流，即大气层顶部能量收支、地表能量收支、全球能量清单的变化和气候系统内部的能量流，它代表了气候状态的特征。

**能量平衡**：总入射能量和总外逸能量之间的差。如果该差值是正值，则出现增暖；如果该差值是负值，则出现变冷。因为基本上气候系统所获得的所有能量均来自太阳，能量收支差为零则意味着吸收的太阳辐射（即入射太阳辐射减去大气顶部反射的太阳辐射）和气候系统发射的外逸长波辐射是相等的。

**气候重建**：利用预报因子重建过去气候变量时空特征的方法。如果重建是用来插补缺测的仪器记录数据，那么预报因子为仪器数据；如果是用于进行古气候重建，那么预报因子就为代用数据。目前已有多种重建技术：基于线性多元回归的方法、非线性的贝叶斯方法和类比法。

**新生代**：指第三个也是当前所处的显生宙地质时代，始于约 6600 万年前。它包括古近纪、新近纪和第四纪。早期文献把古近纪和新近纪统称为第三纪。